Die Ebbinghaus-Illusion moduliert die visuelle Suche nach größendefinierten Targets:
Evidenz für präattentive Verarbeitung scheinbarer Objektgröße

Von der Fakultät für Biowissenschaften, Pharmazie und Psychologie
der Universität Leipzig
genehmigte

DISSERTATION

zur Erlangung des akademischen Grades

doctor rerum naturalium
Dr. rer. nat.,

vorgelegt
von Diplom-Psychologin Astrid Busch
geboren am 28. Dezember 1974 in Naumburg

Dekan: Professor Dr. Martin Schlegel

Gutachter: Professor Dr. Hermann Müller
Professor Dr. Erich Schröger
Professor Dr. Dieter Heller

Tag der Verteidigung: 25. April 2002

Die Deutsche Bibliothek – CIP-Einheitsaufnahme

Busch, Astrid:
Die Ebbinghaus-Illusion moduliert die visuelle Suche nach größendefinierten Targets : Evidenz für präattentive Verarbeitung scheinbarer Objektgröße / vorgelegt von Astrid Busch. - Berlin : Logos-Verl., 2002

Zugl.: Leipzig, Univ., Diss., 2002
ISBN 3-89722-973-0

©Copyright Logos Verlag Berlin 2002
Alle Rechte vorbehalten.

ISBN 3-89722-973-0

Logos Verlag Berlin
Comeniushof, Gubener Str. 47,
10243 Berlin
Tel.: +49 030 42 85 10 90
Fax: +49 030 42 85 10 92
INTERNET: http://www.logos-verlag.de

Danksagung

An dieser Stelle möchte ich denjenigen Personen danken, die zum Gelingen der vorliegenden Arbeit beigetragen haben.

Vielen Dank an Professor Dr. Hermann Müller für die Unterstützung und Förderung und die vielen konstruktiven Anregungen zu dieser Arbeit.

Ich danke Professor Dr. Erich Schröger und Professor Dr. Dieter Heller für die Begutachtung dieser Arbeit.

Ich danke meinen Kollegen Dr. Adrian von Mühlenen, Brit Reimann, Ralph Weidner, Stefan Berti, Andreas Schiegg und Sven Garbade für ihre kameradschaftliche und fachliche Unterstützung. Vielen Dank auch an viele andere Kolleginnen und Kollegen der Universität Leipzig und der Ludwig-Maximilians-Universität München, die mir bei fachlichen Fragen hilfreich zur Seite gestanden haben.

Vielen Dank an Dagmar Müller, Katja Schneider, Andrea Reinecke, Reelika Kool und Johanna Schön für ihre Unterstützung bei der Organisation und Durchführung der Experimente.

Herzlichen Dank an meine Freunde, besonders an Jörg Himmel, Antje Naumann und Claudia Lohmüller, die mich bei der Umsetzung dieser Arbeit freundschaftlich und technisch unterstützt und mir immer die Möglichkeit zur Ablenkung geboten haben.

Mein besonderer Dank gilt meinen Eltern und meiner Schwester Jördis für ihre emotionale Unterstützung und dafür, dass ich mich in allen Situationen immer auf sie verlassen konnte.

Ich bedanke mich bei allen Probandinnen und Probanden, die diese Arbeit durch ihre Teilnahme an den verschiedenen Experimenten ermöglicht haben.

Inhaltsverzeichnis

Kapitel 1: Theoretischer Hintergrund 1

1.1 Einleitung 1
1.2 Erste Ansätze zur selektiven Aufmerksamkeit 2
1.3 Theorien zur visuellen Suche 4
    1.3.1 Merkmalsintegrations-Theorie der visuellen Aufmerksamkeit 5
    1.3.2 Theorie der gesteuerten Suche 10
    1.3.3 Ähnlichkeits-Theorie der visuellen Suche 13
1.4 Resümee 18

Kapitel 2: Entwicklung der Fragestellung 21

2.1 Größe als Basismerkmal in der visuellen Wahrnehmung 21
2.2 Scheinbare Größe in der visuellen Suche 24
2.3 Psychophysik der Ebbinghaus-Illusion 26
2.4 Hypothesen und Überblick über die Experimente 32

Kapitel 3: Experimenteller Teil 35

3.1 Standardsuche 35
    3.1.1 Experiment 1: Standardsuche 36
        3.1.1.1 Methode 37
        3.1.1.2 Ergebnisse 39
        3.1.1.3 Diskussion 42
    3.1.2 Experiment 2: Ermittlung der scheinbaren Größen 46
        3.1.2.1 Methode 47
        3.1.2.2 Ergebnisse und Diskussion 48
    3.1.3 Experiment 3: Kontrollexperiment 50
        3.1.3.1 Methode 50
        3.1.3.2 Ergebnisse 51
        3.1.3.3 Diskussion 54
    3.1.4 Diskussion Experimente 1 bis 3 55

3.2 Modulation der Sucheffizienz 56
    3.2.1 Experiment 4: Erschwerte Suche 56
        3.2.1.1 Methode 57
        3.2.1.2 Ergebnisse 57
        3.2.1.3 Diskussion 60
    3.2.2 Experiment 5: Erleichterte Suche 61
        3.2.2.1 Methode 62

3.2.2.2 Ergebnisse 63
3.2.2.3 Diskussion 65
3.2.3 Diskussion Experimente 4 und 5 66

3.3 Variation von Attributen der Ebbinghaus-Konfigurationen 67
3.3.1 Experiment 6: Anzahl der Kontextkreise 68
3.3.1.1 Methode 69
3.3.1.2 Ergebnisse 69
3.3.1.3 Diskussion 71
3.3.2 Experiment 7: Distanz zwischen Test- und Kontextkreisen 73
3.3.2.1 Methode 73
3.3.2.2 Ergebnisse 74
3.3.2.3 Diskussion 76
3.3.3 Experiment 8: Helligkeitskontrast zwischen Test- und Kontextkreisen 77
3.3.3.1 Methode 77
3.3.3.2 Ergebnisse 78
3.3.3.3 Diskussion 80
3.3.4 Diskussion Experimente 6 bis 8 81

3.4 Integration von Psychophysik und visueller Suche 83
3.4.1 Experiment 9: Leichte versus schwierige Diskriminierbarkeit bei simultaner und sukzessiver Präsentation 83
3.4.1.1 Methode 85
3.4.1.2 Ergebnisse 86
3.4.1.3 Diskussion 89

Kapitel 4: Allgemeine Diskussion **93**

4.1 Fragestellung und experimentelles Paradigma 93
4.2 Zusammenfassung der Ergebnisse 94
4.2.1 Suchfunktionen 94
4.2.2 Modulation der scheinbaren Größe 95
4.2.3 Modulation der Suchfunktionen 95
4.3 Repräsentation von Größe 95
4.4 Effizienz der Suche 98
4.5 Attribute der Ebbinghaus-Konfigurationen 100
4.6 Förderliche versus behindernde Wirkung der Ebbinghaus-Illusion 101
4.7 Auswirkungen auf psychophysische Untersuchungen zu geometrisch-optischen Illusionen 104
4.8 Schlussfolgerung und Ausblick 106

Literaturverzeichnis **109**

Kapitel 1: Theoretischer Hintergrund

1.1 Einleitung

Die Untersuchung von Aufmerksamkeitsprozessen, speziell bei der visuellen Wahrnehmung, nimmt im Rahmen der aktuellen Forschungsarbeiten der kognitiven Wissenschaften einen breiten Raum ein. Aufmerksamkeit ist notwendig, um für die (streng kapazitätsbegrenzte) Informationsverarbeitung diejenigen Informationen aus einer gewaltigen Masse von Eingangssignalen auszuwählen, die dem Bewusstsein zugänglich sein müssen beziehungsweise der Steuerung von Handlungen dienen. Die vorliegende Arbeit befasst sich mit einem Aspekt der visuellen Aufmerksamkeit, nämlich wie einfach oder komplex die Grundbausteine der visuellen Wahrnehmung sind. Speziell soll dabei die Kodierung und Repräsentation von Größe als Basismerkmal untersucht werden. Zur Einordnung dieser Thematik ist es notwendig, den theoretischen Hintergrund von Aufmerksamkeitstheorien einführend zu erörtern. Insbesondere wird dabei auf das Paradigma der visuellen Suche eingegangen, das sich hervorragend dazu eignet, Aufschluss über die räumliche Verteilung von Aufmerksamkeit zu erlangen.

Das Prinzip der visuellen Suche müsste jedem aus alltäglichen Situationen bekannt sein: Man stelle sich vor, man sei mit einer Person verabredet und müsse diese Person in einer Menge anderer Menschen finden. Dabei merkt man schnell, dass es einem behilflich ist, wenn man im Vorfeld weiß, wer überhaupt die gesuchte Person ist, ein bestimmter Bekannter vielleicht. Ferner ist von Vorteil, wenn bekannt ist, wo diese Person zu finden ist, eventuell auf dem Marktplatz. Hebt sich die gesuchte Person durch ein bestimmtes Merkmal von den anderen Menschen ab, ist sie beispielsweise der größte Mensch auf dem Marktplatz, fällt es einem leichter, den Gesuchten zu erkennen. Andererseits fällt diese Person nicht ohne Weiteres auf, wenn sie kleiner als die meisten anderen Menschen ist. Wenn alle anderen Menschen untereinander sehr ähnlich sind, fällt die Suche nach dem Bekannten ebenfalls leichter, beispielsweise wenn die gesuchte Person der einzige Mann in einer Gruppe von Frauen ist, als wenn sich die anderen Menschen stark voneinander unterscheiden. Wenn bekannt ist, dass der Gesuchte vielleicht ein Kleidungsstück bestimmter Farbe oder ähnliches trägt, ist es möglich, ihn aufgrund dieses Merkmals schneller zu finden. Ist dies nicht der Fall, ist jedoch bekannt, dass die gesuchte Person eine bestimmte Farbe nicht trägt, kann die Gruppe der abzusuchenden Menschen dadurch eingeschränkt werden, dass die Personen mit Kleidungsstücken einer speziellen Färbung nicht abgesucht werden. Und es ist möglich, den Bekannten gerade dadurch zu entdecken, dass er zu einer Gruppe bereits anwesender anderer Menschen verspätet hinzustößt.

An diesen Beispielen werden bestimmte Funktionen der Aufmerksamkeit in der visuellen Wahrnehmung deutlich: Räumliche Orientierung wird gewährleistet (der Bekannte befindet sich auf dem Marktplatz). Eine Teilmenge möglicher abzusuchender Objekte kann von anderen Objekten ‚abgehoben' werden (der Bekannte besitzt ein Merkmal, das nicht alle Anwesenden besitzen). Eine ‚aktive' Suche wird in Gang gesetzt, wenn das gesuchte Objekt nicht ohne Weiteres zu finden ist (u.a. kann es zu Augenbewegungen kommen, gegebenenfalls sind Bewegungen des Kopfes oder sogar des gesamten Körpers notwendig). Bestimmte Erwartungen bezüglich des gesuchten Objekts können ausgenutzt werden, stören aber, wenn das gesuchte Objekt den Erwartungen nicht entspricht (Nutzen und Kosten durch Vorwissen).

In der experimentellen Psychologie wird das Paradigma der visuellen Suche verwendet, um Aufschluss über (frühe) Prozesse der visuellen Wahrnehmung zu gewinnen und speziell um Prozesse der Aufmerksamkeitsverteilung zu untersuchen. Dazu ist ein gängiges Verfahren, die Zeit (Reaktionszeit, RZ) zu messen, die bis zur Entdeckung eines Zielreizes (Target) unter einer Menge von Ablenk- oder Störreizen (Distraktoren) vergeht. Diese Zeit wird meist als Funktion der Anzahl der Displayobjekte (Displaygröße) dargestellt (Suchfunktion). Kritische Parameter solcher Suchfunktionen sind Basis-RZ (in ms; Schnittpunkt mit der Ordinate) und Anstieg (in ms/Item). Die Basis-RZ spiegeln die entscheidungs- und antwortbezogenen Prozesse wider, die für die Bearbeitung einer Aufgabe notwendig sind; die Anstiege lassen einen Schluss darüber zu, wie viel Zeit für die Enkodierungs- und Vergleichsprozesse eines zusätzlichen Stimulus aufgewendet werden muss (Sternberg, 1969). Gewöhnlich werden in einem Experiment jeweils gleich viele Durchgänge realisiert, in denen ein Target enthalten beziehungsweise nicht enthalten ist. So besteht ferner die Möglichkeit, die Anstiege der Funktionen der ‚Target-anwesend'- und der ‚Target-abwesend'-Durchgänge miteinander zu vergleichen.

1.2 Erste Ansätze zur selektiven Aufmerksamkeit

Eine der ersten Informationsverarbeitungstheorien der Aufmerksamkeit ist die <u>Filtertheorie</u> von Broadbent (1958). Nach dieser Theorie kann von einer Menge eingehender Reize, die in einen sensorischen Speicher gelangen, nur einer einen selektiven Filter passieren, während die anderen abgeblockt werden und vorübergehend in einem sensorischen Puffermechanismus verbleiben. Die

Auswahl des Reizes, der weiter verarbeitet wird, erfolgt auf Basis der physikalischen Eigenschaften der Reize. Der Filtermechanismus ist notwendig, um das nachfolgende kapazitätslimitierte serielle Verarbeitungssystem vor Überlastung zu schützen, in diesem erst werden die Eingangsinformationen semantisch verarbeitet. Nur diejenigen Reize, die Zugang zu diesem Verarbeitungssystem haben, können überhaupt bewusst wahrgenommen und später ins Langzeitgedächtnis überführt werden. Nach dieser Theorie erfolgt die Informationsselektion zu einem relativ frühen Zeitpunkt, also auf Basis der physikalischen Merkmale, ehe eine tiefere Verarbeitung stattfindet.

Es wurden jedoch Befunde berichtet, die der Annahme widersprechen, dass Informationen, die den Filter nicht passieren können, nicht verarbeitet werden. So können bestimmte nicht-beachtete Informationen sehr wohl bewusst werden oder semantisch vorverarbeitet werden. Diese Einwände führten dazu, dass das strikte ‚Alles oder Nichts'-Prinzip der Filtertheorie revidiert werden musste. Treisman (1960) erklärte in ihrer Abschwächungstheorie, dass auch nicht beachtete Informationen – wenngleich abgeschwächt – weitergeleitet und später verarbeitet werden können. Demzufolge funktioniert die Informationsweiterleitung nach dem ‚Mehr oder weniger'-Prinzip. Auch wenn nach ihrer Theorie der Zeitpunkt der Informationsselektion flexibel ist (dies ist daraus zu ersehen, dass nicht-beachtete Informationen je nach Niveau der erreichten Analyse unterschiedlich tief vorverarbeitet sein können, d.h. als physikalische Muster, als Wörter etc.), wird wie bei der Filtertheorie angenommen, dass die Selektion zu einem relativ frühen Zeitpunkt, also auf perzeptueller Stufe, stattfindet.

Eine grundsätzlich andere theoretische Herangehensweise postuliert, dass die Informationsselektion relativ spät, also erst nach erfolgter Analyse der Eingangsinformationen, erfolgt. Deutsch und Deutsch (1963) nahmen an, dass die Kapazitätsbegrenzung der parallelen Informationsverarbeitung näher an der Stufe der Antwortausführung als an der Stufe der Reizidentifikation liegt. Jeder eingehende Reiz wird – unabhängig davon, ob ihm Aufmerksamkeit zugewendet wird oder nicht – bis zu einer relativ tiefen Stufe perzeptuell verarbeitet. Die eingehenden Signale werden nach ihrer Bedeutsamkeit gewichtet und verglichen, um dasjenige zu bestimmen, welches weiterverarbeitet wird (nur wichtige Informationen erhalten Zugang zum Gedächtnis oder können eine motorische Reaktion auslösen).

Eine Lösung dieser Debatte, ob Aufmerksamkeit im Verlauf der Informationsverarbeitung früh oder spät wirkt, sieht folgendermaßen aus: Der Ort der Selektion hängt von den perzeptiven Anforderungen der zu erledigenden Aufgabe ab: Wenn die Anforderungen gering sind, können auch irrelevante Informationen beziehungsweise Reize mit verarbeitet werden, weil die

Kapazitätsgrenzen noch nicht überschritten sind, und diese Informationen können zu Interferenz mit der eigentlich zu bearbeitenden Aufgabe führen. Wenn die Anforderungen einer Aufgabe jedoch so hoch sind, dass die gesamte Kapazität zur Lösung beansprucht wird, können keine anderen Informationen verarbeitet werden. Es ist also davon auszugehen, dass der Ort der Selektion flexibel ist und jeweils von den Anforderungen der zu lösenden Aufgabe abhängt (Johnston & Heinz, 1979).

1.3 Theorien zur visuellen Suche

Im Folgenden soll nun ausführlicher auf Theorien zur visuellen Informationsverarbeitung eingegangen werden. Wie bereits erwähnt wurde, ist die visuelle Suche ein geeignetes Instrument, um Aufschluss über Prozesse der visuellen Aufmerksamkeit zu erlangen. Eine der ersten kognitionspsychologischen Theorien zur visuellen Suche stammt von Neisser (1967). Es werden zwei Phasen der visuellen Verarbeitung postuliert: eine präattentiv-parallele und eine darauf folgende attentiv-sequenzielle. Durch die Operationen der präattentiven Phase werden im visuellen Feld vorhandene figurale Einheiten auf der Basis ihrer (isolierbaren) Merkmale parallel, das heißt an allen Orten im visuellen Feld gleichzeitig, segmentiert. Diese Prozesse laufen global und ganzheitlich ab, sie sind relativ grob und stellen die Ausgangsinformation für die zweite Phase, die der Musteranalyse, bereit. Dies geschieht dadurch, dass potenzielle Zielpunkte für (verdeckte oder offene) Verlagerungen der Aufmerksamkeit definiert werden. Die Analysatoren der sequenziellen Phase arbeiten nicht parallel über das gesamte visuelle Feld verteilt, sondern wirken hauptsächlich am Ort der fokalen Aufmerksamkeit[1]. Sie bauen daher auf den in der ersten Stufe isolierten Objekten auf. Diese Objekte können überhaupt erst identifiziert werden, nachdem sie voneinander segmentiert worden sind. Die Prozesse der fokalen Aufmerksamkeit sind nicht als die bloße Analyse der isolierten Objektmerkmale zu verstehen, sondern sie haben konstruktiven, synthetisierenden Charakter. Während die Resultate der präattentiven Prozesse nur auf die unmittelbare Gegenwart beschränkt sind, ist für eine länger dauernde Speicherung von Informationen ein Aufmerksamkeitsakt, also eine attentive Analyse, nötig.

Diese Idee der zwei Phasen der visuellen Verarbeitung ist in nahezu allen Aufmerksamkeitstheorien wiederzufinden. Im Folgenden werden einige der wichtigsten Theorien der visuellen Aufmerksamkeit vorgestellt. Eine der ersten Theorien zur visuellen Suche, die Merkmalsintegrations-Theorie, stammt von

---

[1] Als Aufmerksamkeit beschreibt Neisser (1967) die Zuweisung von Analysemechanismen zu einem begrenzten Teil des Wahrnehmungsfeldes.

Treisman und Kollegen. Weiterhin wird näher auf die Theorie der gesteuerten Suche nach Wolfe eingegangen; auf Grundlage dieser Theorie wurde ein Modell entwickelt, das es ermöglicht, Prozesse der visuellen Suche nachzubilden. Ein weiteres Netzwerkmodell, die Suche durch rekursive Zurückweisung, wurde auf der Grundlage der Ähnlichkeits-Theorie von Duncan und Humphreys entwickelt.

1.3.1 Merkmalsintegrations-Theorie der visuellen Aufmerksamkeit (Feature Integration Theory)

Eine der einflussreichsten Theorien zur visuellen Suche wurde von Treisman und Kollegen (Treisman, 1985; 1988; Treisman & Gelade, 1980) entwickelt. Auch sie gehen davon aus, dass ein visuelles Display in einem frühen automatischen (präattentiven) Prozess parallel in eine Reihe von basalen Stimulusmerkmalen (z.b. blau, horizontal etc.) zerlegt und räumlich kodiert wird. Die Merkmalskodierung erfolgt in dimensional organisierten Inputmodulen (z.B. Farbe, Orientierung, Helligkeit, Bewegungsrichtung etc.), wobei diese Dimensionen nicht den physikalischen Dimensionen des visuellen Inputs entsprechen müssen. Um die in den verschiedenen Modulen an korrespondierend Orten registrierten Merkmale zu kohärenten und ‚korrekten' Objekten zu verbinden, müssen in einem späten (attentiven) Prozess die einzelnen Orte im Display, an denen sich die Objekte befinden, seriell fokussiert werden. Nachdem die Merkmale zu einem Objekt zusammengefügt wurden, wird dieses als Ganzes gespeichert. Mit dem Zerfall dieser Objektrepräsentation oder mit zunehmender Interferenz zwischen den Objekten werden die Kombinationen gelöst. Dadurch sind die Merkmale wieder ‚frei verfügbar' (‚free floating'), und es besteht die Möglichkeit der Bildung sogenannter ‚illusionärer Konjunktionen' (siehe auch Treisman & Schmidt, 1982).

Über die Art der Suche kann man anhand von Suchfunktionen Aufschluss gewinnen. Bei Anstiegen von bis zu 5-10 ms/Item spricht man von paralleler Suche (z.B. bei der Suche nach einem rechtsgeneigten Target unter linksgeneigten Distraktoren; Beispiel aus Treisman, 1985). Dabei sollten sich die Anstiege der Funktionen der Target-anwesend-Durchgänge nicht wesentlich von denen der Target-abwesend-Durchgänge unterscheiden. Bei Anstiegen ab etwa 20 ms/Item spricht man von serieller Suche (z.B. bei der Suche nach einem rechtsgeneigten durchgezogenen Target unter rechtsgeneigten gepunkteten und linksgeneigten durchgezogenen Distraktoren; Beispiel aus Treisman, 1985). Dabei ist das Verhältnis der Anstiege der Target-anwesend- und der Target-abwesend-Funktionen etwa 1:2. Dies wird dadurch erklärt, dass die Suche in Durchgängen, in denen ein Target enthalten ist, abgebrochen werden kann, wenn das Target gefunden wurde (dies ist, über alle Durchgänge gemittelt, der Fall, wenn etwa die Hälfte aller Objekte im Display abgesucht wurde). Im Gegensatz dazu muss die Suche in Durchgängen, in denen kein Target enthalten ist, <u>erschöpfend</u> erfolgen, das heißt alle Displayobjekte müssen inspiziert werden, ehe eine Reaktion erfolgen kann (Treisman & Souther, 1985). Die Suchfunktionen hängen direkt davon ab, wie groß die Differenz zwischen der Aktivierung, die das Target hervorruft, und der Hintergrundaktivierung, die durch die Distraktoren generiert wird, ist.

Bei <u>disjunktiven Targets</u>, das sind Zielreize, die durch ein einzigartiges Merkmal charakterisiert sind, erfolgt die Suche parallel über das gesamte visuelle Feld, und das Target muss nicht zwingend korrekt lokalisiert werden, damit seine Anwesenheit bestimmt werden kann. Bei <u>konjunktiven Targets</u>, das sind Zielreize, die durch eine Verknüpfung mehrerer Merkmale charakterisiert sind, ist eine serielle Suche erforderlich; Identifikation und Lokalisation des Targets hängen voneinander ab, das heißt es ist erforderlich, dass die Positionen der Objekte ebenfalls kodiert werden (Treisman, 1982). Konjunktionstargets sind schneller zu finden, wenn ihre Identität, das heißt die sie definierenden Merkmale, bekannt ist (Treisman & Sato, 1990).

Die Konjunktionssuche verlangt immer die Zuwendung von Aufmerksamkeit zu einzelnen Objekten, da es zu keiner einzigartigen Aktivierung in irgendeinem Merkmalsmodul kommt. Für die Durchführung der Konjunktionssuche sind verschiedene Strategien denkbar (Treisman & Sato, 1990): Erstens wäre es vorstellbar, dass ein Gruppierungsprozess die Menge der Distraktoren in mehrere Untermengen teilt, die Objekte einer solchen Untermenge haben dabei jeweils mindestens ein Merkmal mit dem Target gemeinsam. In diesen Untermengen kann anschließend nach einem Merkmalstarget gesucht werden. Die Suche zwischen solchen Untermengen erfolgt wiederum seriell (Treisman, 1982). Eine solche Suchstrategie wird erleichtert, wenn die entsprechenden Distraktoren, die ein Merkmal teilen, gruppiert werden. Zweitens könnte man annehmen, dass für bestimmte Merkmalskombinationen ‚Konjunktionsdetektoren' aktiviert werden. Dies ist jedoch unwahrscheinlich, da es dafür nur wenig anatomische oder physiologische Evidenz gibt (Maunsell & Newsome, 1987; siehe auch Dürsteler & von der Heydt, 1992). Drittens kann durch eine Art von Präselektion die Aktivierung an bestimmten Distraktorpositionen, an denen sich Objekte befinden, deren Merkmale nicht mit dem Target konsistent sind, reduziert werden. Jedoch würde bei unvollständiger Unterdrückung wiederum eine serielle Suche über alle erhaltenen Positionen nötig sein.

Kapitel 1: Theoretischer Hintergrund

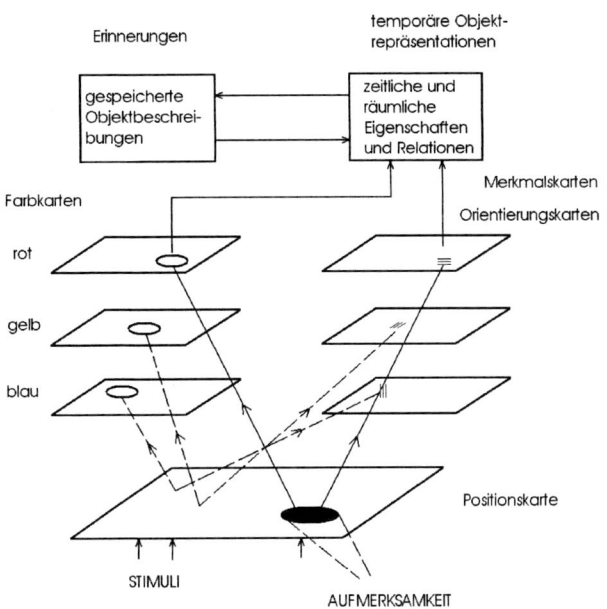

Abbildung 1. Schema der Merkmalsintegrations-Theorie (nach Treisman, 1988).

Die beschriebenen Prozesse und Mechanismen sind in der Merkmalsintegrations-Theorie (vergleiche Abbildung 1) folgendermaßen umgesetzt (Treisman, 1988): Unterschiedliche sensorische Merkmale werden in separaten Modulen automatisch, das heißt ohne fokussierte Aufmerksamkeit und räumlich parallel, kodiert. Jedes Modul bildet unterschiedliche Merkmalskarten (‚feature maps', z.b. ‚colour maps', ‚orientation maps') für die Werte der entsprechenden Dimensionen, die kodiert wurden. Man kann sich vorstellen, dass die Kodierung der Merkmale dadurch geschieht, dass jeder Wert, den ein Merkmal auf einer Dimension einnehmen kann, (oder die Differenz zwischen verschiedenen Werten) registriert wird (z.B. ‚rot', ‚≡'). Diese Merkmalskarten erlauben die Detektion eines Targets, das durch ein einzigartiges Merkmal charakterisiert ist, dadurch, dass auf der entsprechenden Karte eine einzigartige, saliente Aktivierung hervorgerufen wird. Wenn die Merkmale der einzelnen Objekte jedoch verbunden werden müssen, um das Target zu finden, ist fokussierte Aufmerksamkeit nötig, um über die Positionskarte (‚map of locations) auf alle Merkmale zugreifen zu können, die sich am gleichen Ort befinden. Die Positionskarte zeigt an, an welchen Orten sich die Merkmale befinden, aber nicht, welches Merkmal sich wo befindet. Die Abfrage der örtlichen Merkmalsinformationen ist nur möglich, wenn Aufmerksamkeit auf den entsprechenden Ort gerichtet ist. Zu einem bestimmten Zeitpunkt ist nur eine Position abtastbar.

Je nach Modellvorstellung greift die Positionskarte entweder direkt auf die Ausgaben der Merkmalsmodule zu (Treisman, 1986), oder sie wird sogar in einer noch früheren Phase vor der Registrierung der Merkmale generiert (Treisman, 1985; 1988). Die letzte Stufe der Verarbeitung wäre die Kombination der einzelnen Merkmale zu kompletten Objekten, Szenen oder sogar Ereignissen.

Es wurden aber auch Untersuchungen durchgeführt, die zeigten, dass die Suche nach einem konjunktiven Target nahezu parallel erfolgen kann. Parallele Konjunktionssuche setzt voraus, dass entweder die entscheidenden Merkmale gut diskriminierbar sind (Egeth, Virzi & Garbart, 1984; Kaptein, Theeuwes & van der Heijden, 1995; McLeod, Driver & Crisp, 1988; Nakayama & Silverman, 1986; Treisman & Sato, 1990; Watson & Humphreys, 1999) oder dass durch zeitlich versetzte Präsentation einiger Objekte ein Teil der Displayelemente von der weiteren Verarbeitung ausgeschlossen werden kann (Jonides & Yantis, 1988; Olivers, Watson & Humphreys, 1999; Watson & Humphreys, 1997; 2000; Yantis & Hillstrom, 1994; Yantis & Jonides, 1984; 1990). Ob die Inhibition jedoch auf bottom-up getriebener, merkmalsbasierter Unterdrückung einzelner Objekte (Egeth et al., 1984; Kaptein et al., 1995) oder auf top-down getriebenen, ortsbasierten Markierungsprozessen (Donk & Theeuwes, 2001; Olivers et al., 1999; Watson & Humphreys, 1997) beruht, ist noch nicht klar. Eine alternative Erklärung sagt aus, dass neu in einem Display präsentierte Objekte immer die Aufmerksamkeit auf sich ziehen, da durch deren plötzliches Erscheinen ihre Salienz immer höher ist als die der bereits im Display existierenden Objekte (Jonides & Yantis, 1988; Yantis & Hillstrom, 1994; Yantis & Jonides, 1984). Dabei wird jedoch ein Ort, auf den die Aufmerksamkeit fokussiert ist, immer bevorzugt verarbeitet, danach erst kann der nächste Ort mit einem plötzlich erschienenen Objekt inspiziert werden (Yantis & Jonides, 1990). Auch die Anzahl der plötzlich auftauchenden Objekte, die bevorzugt verarbeitet werden kann, ist begrenzt (Yantis & Johnson, 1990).

Allerdings läuft unter bestimmten Bedingungen auch die Merkmalssuche, das heißt die visuelle Suche nach einem Targetobjekt, das durch ein einzigartiges Merkmal definiert ist, seriell ab. Es wurden sogenannte ‚Suchasymmetrien' (Treisman & Gormican, 1988; Treisman & Souther, 1985) gefunden, das heißt es kam zu ungleichen Suchfunktionen in Abhängigkeit davon, wie Target und Distraktoren definiert waren. Wenn beispielsweise das Target ein bestimmtes Merkmal besitzt, die Distraktoren jedoch nicht, erfolgt die Suche nach dem Target automatisch und parallel. Wenn hingegen die

Distraktoren ein bestimmtes Merkmal besitzen und das Target dadurch ausgezeichnet ist, dass es dieses Merkmal nicht besitzt, erfordert die Suche nach dem Target gerichtete Aufmerksamkeit und verläuft daher seriell und selbstabbrechend (Treisman, 1985; Treisman & Souther, 1985). Dies wird dadurch erklärt, dass ein vorhandenes einzigartiges Merkmal Aktivität in einem separaten Modul hervorruft, wodurch die Salienz an der Targetposition erhöht wird; im Unterschied dazu kann die Abwesenheit eines Merkmals keine Aktivierung erzeugen. Folglich kann ein Target, welches ein bestimmtes Merkmal (z.B. das einzige Objekt mit einer überschneidenden Linie) beziehungsweise eine größere Ausprägung eines Merkmals (z.B. das Objekt mit der größten Länge) besitzt, schnell und ohne Ausrichtung der Aufmerksamkeit entdeckt werden. Dagegen muss ein Target, das ein bestimmtes Merkmal im Vergleich zu den Distraktoren nicht besitzt (z.B. das einzige Objekt ohne eine Öffnung) beziehungsweise das durch eine geringere Ausprägung eines Merkmals im Vergleich mit den Distraktoren definiert ist (z.B. das Objekt mit der geringsten Neigung), seriell gesucht werden, indem die Merkmalskarte sequenziell nach einem Ort ohne die relevante Aktivierung abgesucht wird. Derartige Suchasymmetrien wurden für qualitative (z.B. Farbe), quantitative (z.B. Größe, Helligkeit, Anzahl) und räumliche Dimensionen (z.B. Orientierung, Krümmung) nachgewiesen (Treisman, 1985; 1986; Treisman & Gormican, 1988). Man könnte daher die Existenz von Suchasymmetrien als ‚Hilfsmittel' verwenden, um diejenigen visuellen Dimensionen (‚visual features') zu bestimmen, die in dem ersten parallelen Prozess der visuellen Wahrnehmung registriert werden (Treisman & Souther, 1985). Suchasymmetrien treten auch unter erschwerten Bedingungen auf, das heißt wenn Target und Distraktoren nicht gut zu diskriminieren sind (Treisman & Gormican, 1988); in dem Fall würde dasjenige Objekt als Target bevorzugt werden, das relativ zu den anderen Objekten die größte Aktivierung hervorruft. Deshalb sind Suchasymmetrien auch ausgeprägter, wenn Target und Distraktoren gut unterscheidbar sind.

Das Entstehen illusionärer Konjunktionen wird dadurch erklärt, dass bei der seriellen Suche die Aufmerksamkeitskapazität erschöpft ist und dadurch korrekt identifizierte Merkmale fehlerhaft kombiniert werden (Treisman & Schmidt, 1982). Solche illusionären Konjunktionen werden explizit als Objekte berichtet. Es wurde gefunden, dass einzelne, tatsächlich registrierte Stimulusmerkmale unabhängig voneinander fehlerhaft kombiniert werden können. Damit wurde belegt, dass die interne Repräsentation eines Objektes auf separaten Merkmalsausprägungen in den einzelnen Dimensionen beruht.

Es gibt jedoch einige Einwände gegen die von Treisman und Kollegen (Treisman, 1988; Treisman & Gelade, 1980) postulierte Dichotomie von parallelen und seriellen Suchprozessen (Wolfe, 1998). So ist es einerseits nicht statthaft, von den gemessenen RZ beziehungsweise den Anstiegen der

Suchfunktionen direkt auf die zugrunde liegenden Verarbeitungsprozesse zu schließen. Beispielsweise können flache Anstiege, die traditionell als Indikatoren für parallele Suche galten, auch durch sehr schnell ablaufende, serielle Prozesse hervorgerufen werden. Andererseits können aber auch die Ergebnismuster, die als serielle Suche interpretiert wurden, von kapazitätsbegrenzten, parallelen Prozessen generiert werden. Ferner ist die Annahme eines seriellen Suchprozesses an sich nicht bewiesen. Diese baut darauf auf, dass die Suche immer erschöpfend vollzogen wird. Dagegen sprechen aber die vielen Auslasser-Fehler (5-10 %) in vielen Konjunktionssuchen (Chun & Wolfe, 1996), die darauf hinweisen, dass die Suche oftmals abgebrochen wird, bevor das Target gefunden wurde. Weiterhin muss gewährleistet sein, dass kein Objekt mehrmals inspiziert wird (Posner & Cohen, 1984; Posner, Rafal, Choate & Vaughan, 1985). Es soll andererseits aber auch nur ein Objekt zu einem Zeitpunkt analysiert werden. Jedoch berichtete Pashler (1987), dass auch in der Konjunktionssuche Displays, die aus bis zu acht Elementen bestehen, parallel durchsucht werden können; die Targetsuche bei größeren Displays könnte aus einer seriellen, selbstabbrechenden Bearbeitung kleinerer Cluster bestehen, innerhalb derer die Suche parallel verläuft (siehe auch Egeth et al., 1984; Houck & Hoffman, 1986; Poisson & Wilkinson, 1992; Zohary & Hochstein, 1989). Die Merkmalsintegrations-Theorie nimmt weiterhin an, dass die Verweildauer der Aufmerksamkeit auf jedem Element gleich lang ist (um 40-50 ms/Item). Es gibt jedoch bestimmte Konjunktionen, für die kürzere oder längere Dauern ('dwell time', 'attentional blink'-Untersuchungen, Duncan, Ward & Shapiro, 1994; Ward, Duncan & Shapiro, 1996) nachgewiesen wurden. Die empirischen Daten lassen eher auf ein Kontinuum zwischen paralleler und serieller Suche schließen. Duncan und Humphreys (1989) nehmen beispielsweise an, dass die Suche graduell immer schwerer wird, wenn Target und Distraktoren einander ähnlicher, die Distraktoren untereinander aber immer unähnlicher werden (siehe auch Dehaene, 1989). Daher scheint es eher angebracht, unterschiedliche Suchbedingungen als mehr oder weniger effizient zu bezeichnen (Wolfe, 1998).

1.3.2 Theorie der gesteuerten Suche (Guided Search Theory)

Wolfe, Cave und Franzel (1989) untersuchten Konjunktionen aus Farbe, Form, Orientierung und Größe und ermittelten relativ flache Suchfunktionen, die nicht allein auf Übungseffekte zurückzuführen waren. Andererseits führte die Suche nach einem gedrehten T unter mehreren gedrehten Ls (Formaufgabe) zu steilen Anstiegen der Suchfunktionen. Entsprechend der Annahme von Treisman (1988) arbeiten parallele und serielle Prozesse autonom, das heißt der serielle Prozess kann nicht auf die Ergebnisse der parallelen Prozesse zurückgreifen. Ansonsten würde die Konjunktionssuche in den Target-abwesend-Durchgängen nicht erschöpfend sein, denn die parallelen Prozesse könnten verhindern, dass im Rahmen des seriellen Absuchens auch diejenigen Objekte inspiziert werden, die sicher nicht das Target sein können, da sie ein bestimmtes Merkmal nicht mit dem erwarteten Target gemeinsam haben. Diese Erkenntnisse führten dazu, dass Wolfe und Kollegen (Cave & Wolfe, 1990; Wolfe, 1994; Wolfe, Cave & Franzel, 1989; Wolfe & Gancarz, 1996) eine alternative Theorie zur visuellen Suche entwickelten. Der Hauptunterschied zwischen Merkmalsintegrations-Theorie und der Theorie der gesteuerten Suche besteht darin, dass letztere annimmt, dass es starke Interaktionen zwischen parallelen und seriellen Prozessen gibt (Cave & Wolfe, 1990).

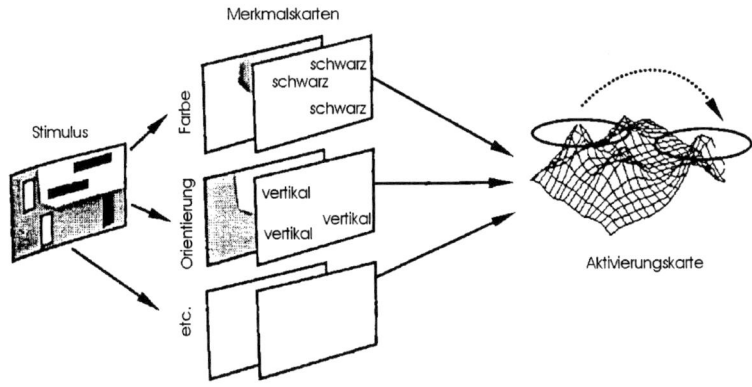

Abbildung 2. Theorie der gesteuerten Suche: Architektur nach ‚Guided Search 2.0' (nach Wolfe, 1994).

Auch das Modell der gesteuerten Suche (siehe Abbildung 2) baut darauf auf, dass in einem ersten <u>parallelen Schritt</u> alle grundlegenden Merkmale (z.B. blau, horizontal etc.) separat registriert werden. Gemäß ‚Guided Search 2.0' (Wolfe, 1994) existiert für jede Merkmalsdimension (z.B. Farbe, Orientierung etc.) eine (topographisch organisierte) Merkmalskarte (‚feature map')[2], auf der die Aktivierungen innerhalb einer Dimension gesammelt werden. Diese Merkmalskarten basieren auf bottom-up gesteuerten Prozessen, die messen, wie ‚außergewöhnlich' ein Objekt innerhalb seiner Umgebung ist. Das Ausmaß der

---

[2] Treisman und Wolfe unterscheiden sich in dieser Hinsicht, was eine Merkmalskarte ist. Während Treisman den Begriff Merkmalskarte wirklich in Bezug auf ein Merkmal verwendet, meint Wolfe damit stattdessen eine ganze Dimension, eine dimensionsspezifische Merkmals- beziehungsweise Salienzkarte.

bottom-up Aktivierung hängt also davon ab, wie groß der Merkmalskontrast zwischen einem Objekt und seinen Nachbarn ist. Die für den Suchprozess relevanten Merkmale können durch top-down induzierte Prozesse spezifiziert werden (z.B. ‚Aktiviere alle blauen Linien', ‚Suche nach einem blauen horizontalen Target'). Das heißt während durch das ‚bottom-up-System' diejenigen Positionen bevorzugt werden, an denen einzigartige Merkmale vorhanden sind, werden durch das ‚top-down-System' diejenigen Positionen vorrangig behandelt, an denen sich Merkmale befinden, durch die das Target (durch Vorwissen) charakterisiert ist (Cave, 1999). Die Merkmalskarten projizieren ihre Aktivierungen auf eine einzelne, mehrdimensionale Aktivierungskarte („activation map'), auf der die gewichteten Summen aller top-down- und bottom-up-Aktivierungen repräsentiert sind.

Auf diese Aktivierungskarte können die folgenden kapazitätslimitierten seriellen Prozesse (z.B. zu Objekterkennung, Objektidentifikation, Lesen) zugreifen, indem die Aufmerksamkeit auf diejenigen kleinen Ausschnitte des visuellen Feldes mit der höchsten Aktivierung gelenkt wird. (Die Aktivierungskarte ist als ein ‚winner-takes-all'-Netzwerk konzipiert, das alle 50 ms einen neuen Gewinner hervorbringt, dem die Aufmerksamkeit zugewendet wird.) Dabei funktioniert die Aufmerksamkeit als eine Art ‚Tor', durch das zu einem Zeitpunkt die Merkmalsinformationen an einem Ort höheren Verarbeitungsprozessen zugänglich werden (Wolfe & Gancarz, 1996). An der Position des Targets müsste immer die größte Aktivierung zu finden sein und die Aufmerksamkeit also zuerst zu dieser Position gelenkt werden, da an den korrespondierenden Positionen auf den Merkmalskarten in der Summe die meisten Aktivierungen vorliegen. Aber ungenaue Übertragungen, also eine Art system-immanentes Grundrauschen bei der Salienzberechnung der Merkmale beziehungsweise der Merkmalskontraste und bei der Informationsübertragung von der parallelen zur seriellen Stufe, führen dazu, dass die Position des Targets nicht immer als erste verarbeitet wird. Es kann daher zu ansteigenden Suchfunktionen kommen (Wolfe et al., 1989). Das bedeutet, dass als Ergebnis der parallelen Stufe eine Art ‚Reihenfolge' vorliegt, in der die Objekte des Displays bearbeitet werden. Wenn das selektierte Objekt nicht das spezifizierte Target ist, tritt ein Feedback-Mechanismus in Kraft, der zur Aktivierungskarte übermittelt, dass dieses Objekt inhibiert werden muss. Dadurch erhält ein neues Objekt die Möglichkeit, die Identifikationsstufe zu erreichen. Während der seriellen Suche ist ein ‚inhibition of return'-Mechanismus (Posner & Cohen, 1984; Posner et al., 1985) nötig, der verhindert, dass bereits verarbeitete Positionen erneut untersucht werden.

Qualitativ gibt es also keinen Unterschied zwischen einer Merkmals- und einer Konjunktionssuche: In beiden Fällen wird die Ausgabe der parallelen Prozesse benötigt, um die Aufmerksamkeit zu den Objekten zu lenken; und auch bei der Merkmalssuche muss ein serieller Prozess durchlaufen werden, um zu entscheiden, ob ein Target vorliegt (Wolfe, 1994). Deshalb wird vorgeschlagen, dass auf die Dichotomie von paralleler und serieller Suche verzichtet und anstelle dessen eher von Abstufungen im Grad der Effizienz der Verarbeitung gesprochen werden sollte (Wolfe, 1998). Im Gegensatz zur Merkmalsintegrations-Theorie wird bei der Theorie der gesteuerten Suche angenommen, dass die seriellen Verarbeitungsprozesse nicht erschöpfend verlaufen müssen. Das heißt bis zum Abbruch der Suche (und für die Entscheidung zur Antwort ‚kein Target vorhanden') müssen nicht alle Objekte verarbeitet werden. Vielmehr kann die Verarbeitung abgebrochen werden, wenn alle Aktivierungen oberhalb einer bestimmten Schwelle inspiziert wurden (Cave & Wolfe, 1990).

Anhand der Theorie der gesteuerten Suche, die wie die Merkmalsintegrations-Theorie auf Merkmalen und Konjunktionen von Merkmalen aufbaut, können jedoch die Befunde der Formaufgabe von Wolfe, Cave und Franzel (1989) nicht geklärt werden, genauer gesagt warum die Suche nach einem gedrehten T unter mehreren gedrehten Ls (‚whitin-object conjunctions': T unter Ls; ‚across-object conjunctions': R unter Ps und Qs) zu steilen Anstiegen der Suchfunktionen führt.

1.3.3 Ähnlichkeits-Theorie der visuellen Suche (Attentional Engagement Theory)

Duncan und Humphreys (1989; 1992) entwickelten die Ähnlichkeits-Theorie der visuellen Suche, mit der neben Merkmals- und Konjunktionsdaten auch die Befunde der Formaufgabe zu erklären sind. Auch ihre Theorie baut auf experimentellen Daten auf, in denen gezeigt wurde, dass es jenseits der Dichotomie von paralleler und serieller Suche (Treisman, 1988; Treisman & Gelade, 1980) starke Variationen bezüglich der Effizienz in verschiedenen Suchaufgaben und -bedingungen gibt, die nicht durch die Merkmalsintegrations-Theorie erklärt werden können.

Ihr Erklärungsansatz basiert nicht auf einer Unterscheidung zwischen verschiedenen Objektmerkmalen und der Existenz unabhängiger Merkmalskarten, sondern auf einer abstrakteren Annahme von Relationen (Ähnlichkeiten) zwischen (benachbarten) Objekten; diese können natürlich anhand bestimmter Merkmale spezifiziert werden. Grundsätzlich ist dabei zwischen der Ähnlichkeit von Target und Distraktoren sowie der Ähnlichkeit zwischen den Distraktoren zu trennen. Die Effizienz der Suche – ebenfalls über die Anstiege der Suchfunktionen operationalisiert – nimmt ab, wenn die Target-

Distraktor-Ähnlichkeit („target-nontarget-similarity') ansteigt und die Distraktor-Distraktor-Ähnlichkeit („nontarget-nontarget-similarity') sinkt. Zwischen beiden Faktoren gibt es aber keine reine Additivität, sondern sie interagieren („search surface', siehe Abbildung 3): Wenn beispielsweise die Target-Distraktor-Ähnlichkeit sehr niedrig ist, hat eine abnehmende Distraktor-Distraktor-Ähnlichkeit kaum noch einen Einfluss auf die Sucheffizienz. Wenn aber die Distraktor-Distraktor-Ähnlichkeit hoch ist, nehmen die Suchraten bei steigender Target-Distraktor-Ähnlichkeit zu. Die Suche verläuft am wenigsten effizient, wenn die Distraktoren dem Target sehr ähnlich sind, die Distraktoren untereinander aber sehr unähnlich. Dabei spielen Gruppierungsprozesse eine entscheidende Rolle (Duncan und Humphreys, 1992; Poisson & Wilkinson, 1992). Jedoch können auch heterogene oder unregelmäßig angeordnete Distraktoren effizient gruppiert werden (Humphreys, Quinlan & Riddoch, 1989), wobei aber die Suchzeiten bei Displays aus heterogenen Distraktoren meist linear ansteigen.

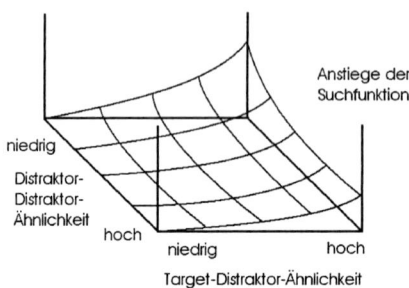

Abbildung 3. „Search surface' der Ähnlichkeits-Theorie (nach Duncan & Humphreys, 1989).

Die Ähnlichkeits-Theorie der visuellen Suche beschreibt drei Komponenten, die zur visuellen Targetselektion erforderlich sind: Erstens ist die perzeptuelle Beschreibung des visuellen Inputs nötig. Dies geschieht über parallele Segmentierungsprozesse, die aufgrund von Gestalteigenschaften die strukturelle Repräsentation der visuellen Einheiten ermöglichen. Jede strukturelle Einheit wird durch eine Menge von Merkmalen beschrieben (z.B. relative Position, Bewegung, Farbe etc.). Diese Beschreibungsprozesse laufen parallel ab und benötigen keine Aufmerksamkeitsressourcen. Zweitens muss in Selektionsprozessen der visuelle Input gegen ein internes Abbild („template') derjenigen Informationen, die für das aktuelle Verhalten benötigt werden, abgeglichen werden. Deren Ressourcen sind limitiert, daher sind Gewichtungen der strukturellen Einheiten nötig. Die Stärke der Gewichtung einer Einheit drückt die Stärke dieser Einheit im Wettstreit um Zugang zu weiteren Verarbeitungsschritten aus. Die Gewichtungen ergeben sich aus der Ähnlichkeit der Distraktoren untereinander und der Ähnlichkeit zwischen Target und Distraktoren. Drittens müssen die selektierten Informationen Zugang zum visuellen Kurzzeitgedächtnis (‚visual short-term memory', VSTM) erlangen, um Kontrolle über die nachfolgenden Handlungen zu bekommen. Wenn das VSTM bereits gefüllt ist, muss es erst geleert werden, ehe neue Informationen Zugang erhalten können. Die Verarbeitung von strukturellen Einheiten innerhalb des VSTM erfolgt parallel, die Verarbeitung zwischen verschiedenen ‚Füllungen' des VSTM verläuft seriell.

Im Vergleich zur Merkmalsintegrations-Theorie (Treisman, 1985; 1988; Treisman & Gelade, 1980) werden im Kontext der Ähnlichkeits-Theorie (Duncan & Humphreys, 1989) Merkmals- und Konjunktionssuche prinzipiell gleichgesetzt; in beiden Aufgaben können sowohl Target-Distraktor-Ähnlichkeit als auch Distraktor-Distraktor-Ähnlichkeit manipuliert werden. Im Rahmen der Ähnlichkeits-Theorie spielen nicht nur die Relationen zwischen Target und Distraktoren, sondern auch die Relationen zwischen den Distraktoren eine Rolle bei der Erklärung der Effizienz der visuellen Suche in unterschiedlichen Bedingungen. Parallele und serielle Komponenten der visuellen Suche, wie sie beispielsweise von Treisman und Gormican (1988) postuliert werden, spiegeln sich in den VSTM-Prozessen wider.

Auch in der Theorie der gesteuerten Suche (Cave & Wolfe, 1990; Wolfe, 1994; Wolfe et al., 1989; Wolfe & Gancarz, 1996) wird angenommen, dass die visuelle Information auf unabhängigen Merkmalskarten registriert wird, deren Output durch fokussierte Aufmerksamkeit kombiniert werden kann. Der Fokus der Aufmerksamkeit wird dabei an die Position gelenkt, an der sich der größte ‚Eintrag' auf der Aktivierungskarte befindet. Diese Aktivierungen werden – ähnlich wie bei Duncan & Humphreys (1989) beschrieben – im Vergleich zu den benachbarten Objekten berechnet.

Das SERR-Modell (‚SEarch via Recursive Rejection', Suche durch rekursive Zurückweisung) von Humphreys und Müller (1993; Müller, Humphreys & Donnelly, 1994; Müller, Humphreys & Olson, 1998) stellt eine konnektionistische Implementierung der Ähnlichkeits-Theorie für eine Formsuchaufgabe dar. Die grundlegende Annahme dieses Modells ist, dass durch ein Kontinuum der Sucheffizienz die relative Stärke von Target-Distraktor- und Distraktor-Distraktor-Gruppppierung reflektiert wird. Es handelt sich dabei um ein hierarchisch organisiertes Netzwerkmodell, aufbauend auf zunehmend komplexer werdenden Verrechnungseinheiten (‚units'), durch deren Aktivierungszustand die visuelle Verarbeitung realisiert wird (Humphreys & Müller, 1993; siehe auch Abbildung 4).

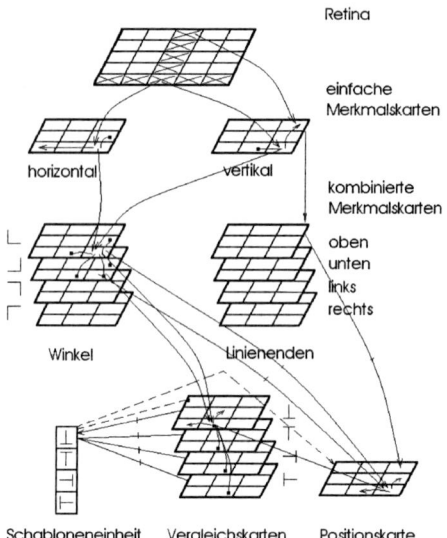

Abbildung 4. Architektur des SERR-Modells (nach Humphreys & Müller, 1993).

Auf der untersten Ebene dieses Modells, der Retina („retinal array'), reagieren die Verrechnungseinheiten auf die Anwesenheit einfacher Kontraste im Display. Diese werden zu Liniensegmenten zusammengefügt, deren Orientierung (horizontal, vertikal) auf einfachen Merkmalskarten („single-feature maps') topologisch kodiert wird. Diese Einheiten aktivieren weitere Einheiten auf kombinierten Merkmalskarten („combined-feature maps'), die Verbindungen von Liniensegmenten entsprechen (Winkel, Linienenden). Die Gruppierung von Objekten wird durch erleichterte Aktivierung innerhalb einer Karte ermöglicht, das heißt eine Aktivierung wird auf Einheiten mit gleichem Wert ausgebreitet. Die Aktivierungen auf den kombinierten Merkmalskarten sind der letzte Teil der merkmalsgetriebenen Verarbeitung. Der Abgleich von Informationen, die auf den kombinierten Merkmalskarten kodiert sind, mit den entscheidungsrelevanten Objekteinheiten wird durch die Einheiten von Vergleichskarten („match maps') ermöglicht. Innerhalb dieser Vergleichskarten sind Gruppierungen durch positive Verknüpfungen innerhalb einer Karte und inhibitorische Verknüpfungen zwischen verschiedenen Karten umgesetzt. Die Positionskarte („map of locations') ermöglicht die Verbindung zwischen den kombinierten Merkmalskarten und den Vergleichskarten. Für jedes mögliche Objekt gibt es eine Schabloneneinheit („template unit'), dieses sind kategoriale, keine räumlichen, Elemente. Die unterschiedlichen Schablonen konkurrieren in jedem Durchgang des Modells miteinander, um eine bestimmte Aktivierungsschwelle zu überschreiten. Hat eine Schabloneneinheit diese Schwelle überschritten, kann diese handlungsrelevant werden. Wenn diese Einheit als Target identifiziert werden konnte, ist die Suche beendet; wenn nicht, wird diese Schablone (und damit gleichzeitig alle Positionen, an denen sich Objekte befinden, die durch diese Schablone kodiert werden) inhibiert, und ein weiterer Durchlauf des Modells wird gestartet, bis keine weitere Schabloneneinheit die Aktivierungsschwelle überschreitet.

Mit Hilfe dieser Implementationen konnten sowohl flache als auch linear ansteigende Suchfunktionen generiert werden (Humphreys & Müller, 1993). Es konnten Gruppierungen realisiert werden, die auf der Basis von einfachen Form-Konjunktionen entstehen. Es wurde gezeigt, dass solche Gruppierungen als ein einzelnes Objekt selektiert (und inhibiert) werden können. Jedoch war die parallele Musterverarbeitung sehr fehleranfällig. Obwohl die Verarbeitung des visuellen Feldes an sich nicht seriell ablief, sind auch im SERR-Modell zwei Arten von Serialität enthalten: Die Suchzeiten hängen von der Anzahl der konkurrierenden Objekte oder Gruppen im visuellen Feld ab, und die einzelnen Modelldurchläufe laufen nacheinander ab.

Müller und Kollegen (1994; 1998) verglichen die Leistungen des SERR-Modells mit empirischen Daten, die von menschlichen Probanden generiert wurden. Im ersten Durchlauf wurden durch die Simulationen des SERR-Modells mehr falsche Antworten produziert, jedoch konnten nach dem Hinzufügen eines ‚Fehlerprüfmechanismus' die Daten der Versuchspersonen sehr gut nachgebildet werden. Ferner konnten auch die Leistungen in anderen Suchaufgaben erfolgreich modelliert werden.

Während im Kontext der ursprünglichen Merkmalsintegrations-Theorie (Treisman, 1985; 1988; Treisman & Gelade, 1980) auch einfache Form-Konjunktionen seriell generiert werden müssen, nimmt SERR an, dass diese Konjunktionen parallel kodiert werden. Neuere Modifikationen der Merkmalsintegrations-Theorie (Treisman & Sato, 1990) erlauben jedoch auch die parallele Verarbeitung von Konjunktionen, vor allem wenn die Diskriminierbarkeit von Konjunktionstargets und Distraktoren aufgrund ihres definierenden Merkmals sehr hoch ist.

Ähnlich wie bei der Theorie der gesteuerten Suche (Cave & Wolfe, 1990; Wolfe, 1994; Wolfe et al., 1989) sind die Unterschiede in der Effizienz der Suche in verschiedenen Suchbedingungen auf variierende Diskriminierbarkeit der Merkmale von Target und Distraktoren zurückzuführen. Unterschiede zwischen beiden Ansätzen bestehen beispielsweise in der Annahme der Prozesse, die innerhalb einer Merkmalskarte ablaufen: Während im Kontext der gesteuerten Suche die Interaktionen innerhalb einer Merkmalskarte inhibitorisch sind (da weniger Kontraste entstehen), geht SERR von Erleichterungen aus, indem eine Aktivierung verbreitet wird, wenn benachbarte Objekte ähnlich sind.

Der größte Kritikpunkt am SERR-Modell ist sicher, dass es bislang nur Suchaufgaben in der Formdimension simulieren kann. Weiterer Entwicklungsaufwand scheint daher notwendig zu sein, um die Ergebnisse auch auf andere Merkmalsdimensionen verallgemeinern zu können. Andererseits wurde jedoch gezeigt, dass sich die Prozesse, die bei der Konjunktionssuche innerhalb einer Dimension wirken, nicht wesentlich von denen unterscheiden, die bei der Konjunktionssuche zwischen verschiedenen Dimensionen involviert sind. Es sollte möglich sein, die grundsätzlichen Operationen auch auf andere Dimensionen und Konjunktionen zu übertragen. Ein weiterer Einwand betrifft die Realisierung der Objekterkennung auf der Basis von Schablonen von Merkmalskonjunktionen. Es ist schwer vorstellbar, dass auch im menschlichen Gehirn alle möglichen Kombinationen von perzeptuellen Merkmalen und Dimensionen durch fest ‚verdrahtete' Konjunktionseinheiten registrierbar sind, da dessen Kapazität den nötigen Speicheraufwand nicht gewährleisten kann. Jedoch konnte gezeigt werden, dass auch menschliche Probanden in der Lage sind, bestimmte – häufig wiederkehrende – Merkmalskonjunktionen zu erlernen. Weiterhin wurden in der Implementation von SERR bestimmte Eigenschaften der Formdimension, wie Parallelität oder Geschlossenheit von Linien, noch nicht umgesetzt (siehe Müller et al., 1998). Neben der Tatsache, dass mittels SERR viele Daten menschlicher Probanden modelliert werden können, ist als sehr positiv zu erwähnen, dass die Struktur des SERR-Modells bis auf neuronale Ebene reicht.

1.4 Resümee

Das Konzept der zwei Phasen in der Verarbeitung visueller Informationen findet sich in allen besprochenen Aufmerksamkeitstheorien wieder. Im Rahmen der Merkmalsintegrations-Theorie und der Theorie der gesteuerten Suche werden explizit parallele und serielle Prozesse angenommen, in denen einerseits das visuelle Feld gleichzeitig in einzelne Merkmale zerlegt wird beziehungsweise in denen Merkmalskontraste zwischen (benachbarten) Objekten berechnet werden und andererseits die Aufmerksamkeit sequenziell auf einzelne Objekte beziehungsweise kleinere Ausschnitte des Feldes gelenkt wird. Aber auch im Kontext der Ähnlichkeits-Theorie werden Segmentierungs- und Vergleichsprozesse (VSTM-Prozesse) diskutiert, in denen sich parallele beziehungsweise serielle Verarbeitungsmechanismen widerspiegeln.

Neben offenen Fragen bezüglich der Dichotomie von Merkmals- und Konjunktionssuche oder den Beziehungen zwischen benachbarten Objekten (Kontrastberechnung, Gruppierung etc.) bleiben etliche Fragen in Hinblick auf die Basismerkmale, auf denen die Segmentierung des visuellen Feldes erfolgt, ungeklärt (z.B.: Welche Merkmale bzw. Dimensionen werden registriert? Wie sind diese Merkmale repräsentiert? Wie komplex können diese Merkmale sein?) Ein Teil dieser Fragen wird im folgenden Kapitel näher behandelt.

Kapitel 2: Entwicklung der Fragestellung

2.1 Größe als Basismerkmal in der visuellen Wahrnehmung

Eine Gemeinsamkeit der meisten Theorien zur visuellen Suche (z.B. Neisser, 1967; Treisman & Gelade, 1980; Wolfe, Cave & Franzel, 1989) ist, dass sie auf der Annahme basieren, dass das visuelle Feld in einem ersten parallelen Schritt in eine Menge von Objektmerkmalen zerlegt wird. Jedoch besteht bislang kein Konsens darüber, welche Stimulusattribute als Merkmale registriert und verarbeitet werden.

Treisman (1988) beschrieb einige Kriterien, die ein Attribut erfüllen muss, um als Basismerkmal in der visuellen Wahrnehmung (‚visual primitive') kodiert zu werden. Dazu gehört, dass ein Targetobjekt, welches sich ausschließlich durch dieses Merkmal von den Distraktorobjekten unterscheidet, <u>automatisch und parallel detektiert</u> werden kann, das heißt die Suche nach einem solchen Target erfolgt parallel, was durch einen flachen Anstieg der Suchfunktion indiziert wird. Weiterhin muss aufgrund eines solchen Attributs ein visuelles Feld <u>einfach und salient segmentiert</u> werden können, das heißt Mengen von Objekten, die durch solche unterschiedlichen Attribute charakterisiert sind, müssen aufgrund dessen gruppiert und getrennt werden können, oder eine Gruppe von Objekten hebt sich aufgrund seiner Attribute von den anderen Objekten (Hintergrund) als Figur ab. Ein weiteres Kriterium ist die <u>modulare Registrierung</u> dieser Attribute, das heißt es muss (physiologische) Evidenzen dafür geben, dass solche Attribute in spezifischen Arealen registriert werden. Weiterhin müssen verschiedene Attribute, die zur gleichen Merkmalsdimension gehören, austauschbar sein, das heißt es muss die Möglichkeit bestehen, dass diese Attribute <u>illusionäre Konjunktionen</u> eingehen. Damit muss auch die <u>Unabhängigkeit von Identifikation und Lokalisation</u> eines Targetobjektes gegeben sein, welches allein aufgrund dieses Attributes definiert ist.

Aufgrund dieser Kriterien wurden eine Reihe von Merkmalen und Dimensionen als Basismerkmale der visuellen Wahrnehmung (‚basic features') klassifiziert (Wolfe, 1998): Dazu zählen Farbe, Orientierung, Krümmung, ‚Vernier-Offset' (Versatz an der Unterbrechungsstelle einer Linie), Größe, Bewegung, Form, bildliche und stereoskopische Tiefenmerkmale (Schattenwurf, Verdeckung, Texturneigung) sowie Luminanzeigenschaften (Schimmer). Diese Dimensionen decken sich jedoch nicht immer mit den primären Merkmalsdimensionen, die in der frühen kortikalen Verarbeitung registriert werden. Weiterhin ist es möglich, neue Basismerkmale zu erlernen (z.B. Scheinkonturen).

Für die Dimension ‚Größe' wurden dabei besondere Aspekte herausgestellt (Wolfe, 1998). Die gebräuchlichste Auffassung von Größe bezieht sich auf zu- oder abnehmende Werte auf einer Dimension (z.B. groß, mittel, klein). Häufig ist jedoch auch die Ortsfrequenz eines Objekte gemeint (z.B. kann ein Objekt aus einer unterschiedlichen Anzahl von Teileelementen – Linienabschnitten, Unterbrechungen etc. – bestehen). Eine dritte Verwendung der Dimension Größe bezieht sich auf die räumliche Skalierung, auf globale und lokale Eigenschaften eines Objekts (ein ‚E' [global], welches aus vielen kleinen ‚S's [lokal] zusammengesetzt ist). In den folgenden Untersuchungen wird bei der Betrachtung von ‚Größe' als Merkmalsdimension immer auf den ersten Aspekt – Größe als kontinuierlich ansteigende Ausprägung in Sinne eines zunehmenden Flächeninhalts oder ähnliches – Bezug genommen.

In etlichen Experimenten wurde gezeigt, dass die visuelle Suche nach einem größendefinierten Target effizient erfolgen kann, das heißt dass die Suchfunktionen flache Anstiege aufweisen (Bilsky &Wolfe, 1995; Duncan & Humphreys, 1992; Müller, Heller & Ziegler, 1995; Quinlan & Humphreys, 1987; Stuart, Bossomaier & Johnson, 1993; Treisman & Gelade, 1980; Treisman & Gormican, 1988). In den meisten Untersuchungen waren dabei die Targets größer als die Distraktoren, zumindest dann, wenn geringe Suchraten ermittelt wurden. Dabei spielte die Form der Stimuli (z.B. Liniensegmente, Kreise, unregelmäßige Polygone, Buchstaben) keine Rolle. Wenn das Target jedoch durch einen mittleren Wert zwischen den Distraktoren definiert ist, das heißt wenn in einem Display sowohl kleinere als auch größere Objekte im Vergleich zum Target vorhanden sind, wird die Suche beeinträchtigt und kann nicht mehr effizient erfolgen (Alkhateeb, Morland, Ruddock & Savage, 1990; Alkhateeb, Morris & Ruddock, 1990; Treisman & Gelade, 1980; Treisman & Gormican, 1988; Wolfe, 1998). Treisman und Gelade (1980) berichteten beispielsweise eine linear ansteigende Funktion für die Suche nach einer mittelgroßen Ellipse unter kleineren und größeren Ellipsen.

Ebenso wurde in mehreren Untersuchungen bewiesen, dass sich die Dimension Größe in Konjunktionssuchen ähnlich wie eine andere Dimension (z.B. Farbe oder Orientierung) verhält (Dehaene, 1989; Dürsteler & von der Heydt, 1992; Duncan & Humphreys, 1992; Quinlan & Humphreys, 1987; siehe auch Bilsky &Wolfe, 1995; Poisson & Wilkinson, 1992 für Größe-Größe-Konjunktionen). Quinlan und Humphreys (1987) oder Dehaene (1989) zeigten beispielsweise, dass die Suchraten bei einer Konjunktionssuche davon abhängen, wie viele Merkmale jeder Distraktor mit dem Target gemeinsam hat, beziehungsweise durch wie viele Merkmale sich das Target von jedem

Distraktor unterscheidet. Für sehr gut diskriminierbare Targets, die also möglichst wenige Merkmale mit jedem Distraktor gemeinsam haben, kann auch eine Konjunktionssuche effizient verlaufen, da die Aufmerksamkeit schneller auf das Target gelenkt werden kann. Dabei spielte die Dimension Größe die gleiche Rolle wie Farbe, Orientierung und Form. Es wird ferner davon ausgegangen (Dehaene, 1989), dass die Probanden in solchen Bedingungen nur einen Teil der Displayelemente absuchen (siehe auch Egeth, Virzi & Garbart, 1984; Kaptein, Theeuwes & van der Heijden, 1995).

In weiteren Experimenten wurde gezeigt, dass bei der Suche nach größendefinierten Targets sogenannte Suchasymmetrien zu beobachten sind (Treisman & Gormican, 1988). Das heißt die Anstiege der Suchfunktionen bleiben flach, wenn nach einem großen Target unter kleineren Distraktoren gesucht wird, wohingegen die Funktionen bei der Suche nach einem kleineren Target unter größeren Distraktoren stark ansteigen.

Anhand dieser Untersuchungen ist zu schlussfolgern, dass die Dimension Größe ein Basismerkmal der visuellen Wahrnehmung ist. Jedoch bleibt anhand dieser Untersuchungen die Frage offen, auf welche Art Größe als Ergebnis der parallelen Verarbeitung des visuellen Feldes repräsentiert ist, ob als retinales oder als scheinbares Merkmal. Die retinale Größe eines Objektes entspricht dem Sehwinkel, den dieses Objekt auf der Retina einnimmt. Dieser Winkel hängt von der realen Größe des Objektes und von der Distanz zwischen Objekt und Beobachter ab. Wenn die Distanz zwischen Objekt und Beobachter vergrößert wird, verringert sich der Sehwinkels, die retinale Größe desselben Objekts wird also kleiner. Trotzdem ist das visuelle System in der Lage, diese Veränderungen auszugleichen, indem die Distanz mit verrechnet wird. Aufgrund dessen bleibt die wahrgenommene (scheinbare) Größe des Objekts bei veränderter Distanz gleich. Eine offene Frage in diesem Zusammenhang ist, auf welcher Stufe der visuellen Verarbeitung diese ‚Größenkonstanz' generiert wird. Wenn die Berechnung der scheinbaren Größe bereits auf einer sehr frühen Verarbeitungsstufe stattfindet, müssten während der parallelen Merkmalsregistrierung schon relativ komplexe Operationen durchgeführt werden.

Aus verschiedenen Studien (Enns & Rensinck, 1990a; 1990b; 1991; Nakayama & Silverman, 1986) ist bereits bekannt, dass die Basismerkmale der visuellen Wahrnehmung wohl komplexer sein können als häufig angenommen wird, beziehungsweise dass sie nicht einfach als physikalische Größen repräsentiert werden. Nakayama und Silverman (1986) zeigten, dass die visuelle Suche nach einem Konjunktionstarget aus den Dimensionen Farbe und Tiefendisparität oder Bewegung und Tiefendisparität effizient verläuft, dass also stereoskopische Tiefeninformation präattentiv bestimmt wird. Aber auch für andere Hinweise auf Dreidimensionalität (z.b. Beleuchtung, räumliche Orientierung, Verbindungen von Linien [‚Y-junctions'], Form, Schattierung, Neigung, Verdeckung) sind Prozesse der frühen visuellen Wahrnehmung sensitiv (Aks & Enns, 1992; Enns, 1992; Enns & Rensink, 1990a; 1990b; 1991; Epstein & Babler, 1990; Epstein, Babler & Bownds, 1992; Epstein & Broota, 1986; Rensink & Enns, 1995, Experiment 8). Damit wurde gezeigt, dass nicht nur bild-basierte (zweidimensionale), sondern auch szenen-basierte (dreidimensionale) Merkmale auf der präattentiven Verarbeitungsstufe repräsentiert werden (siehe auch Kleffner & Ramachandran, 1992; Ramachandran, 1988). Es scheint, dass dreidimensionale Tiefeninformation verarbeitet werden können, ohne die Verarbeitung anderer Dimensionen zu behindern; möglicherweise wird Tiefeninformation sogar mit einer höheren Priorität als andere Merkmale verarbeitet (Nakayama & Silverman, 1986)[3].

Es bieten sich mehrere Möglichkeiten an, der Fragestellung nachzugehen, wie Größe repräsentiert ist und auf welcher Verarbeitungsstufe Größenkonstanz generiert wird. Eine mehrfach verwendete Operationalisierung der scheinbaren Größe basiert auf der Generierung von Tiefeninformation, wodurch die scheinbare Größe von Objekten variiert werden kann und gleichzeitig deren retinale Größe unverändert bleibt (Aks & Enns, 1996; Found & Müller, 2001; Humphreys, Keulers & Donnelly, 1994). Ein weiterer Ansatz untersucht den Einfluss von Objektattributen (z.B. Verdeckung, Schattenwurf oder Helligkeitsänderungen) auf das Ausmaß der scheinbaren Größe (Rensink & Enns, 1995, Experiment 8). Als weitere Möglichkeit bietet sich die Untersuchung zweidimensionaler geometrisch-optischer Illusionen an, zum Beispiel anhand der Müller-Lyer-Täuschung oder der Ebbinghaus-Illusion (siehe auch Thiéry, 1895; Wundt, 1898), durch die eine veränderte Wahrnehmung der Größe eines Objektes provoziert wird.

2.2 Scheinbare Größe in der visuellen Suche

In einigen Studien wurde bereits ein visuelles Suchparadigma verwendet, um die Fragestellung zu untersuchen, ob retinale oder scheinbare Größeneigenschaften in der frühen visuellen Wahrnehmung kodiert werden (Aks & Enns, 1996; Found & Müller, 2001; Humphreys, Keulers & Donnelly, 1994). Diesen Untersuchungen ist gemeinsam, dass dort die scheinbare Größe

---

[3] Ebenso können Bewegung-Form-Konjunktionen ohne Aufmerksamkeitsausrichtung entdeckt werden (McLeod, Driver & Crisp, 1988). Dies bietet Evidenz dafür, dass die visuelle Suche auch auf eine Gruppe von Objekten beschränkt werden kann, die sich gemeinsam bewegen, ohne dass sich die unterschiedlichen Distraktoren in verschiedenen Tiefenebenen befinden müssen, damit eine effiziente Konjunktionssuche möglich wird.

von Target und Distraktoren durch Präsentation der Objekte vor einem strukturierten Hintergrund manipuliert wurde. Dadurch wurde eine Tiefeninformation eingeführt, durch die zwar die scheinbare Größe der Objekte beeinflusst wurde, die retinale Größe aber unverändert blieb.

Humphreys, Keulers und Donnelly (1994) präsentierten ihren Probanden unterschiedlich große ‚Zylinder' (der Target-Zylinder war stets größer als die Distraktor-Zylinder), die jeweils in individuellen dreidimensionalen ‚Korridoren' platziert waren. Dabei wurde die Positionierung der Zylinder verändert, wodurch deren scheinbare Größe variierte. Durch diese Positionsvariation konnte die wahrgenommene Größe entweder verstärkt oder abgeschwächt werden, das heißt die Relation von realer Größe und Positionierung war entweder konsistent oder inkonsistent. Das bedeutet, dass in konsistenten Durchgängen der (große) Target-Zylinder an einer relativ zum Beobachter weit entfernten Position dargeboten wurde, wodurch er noch größer erschien, in inkonsistenten Durchgängen wurde er an einer nahen Position präsentiert, wodurch er eher kleiner wahrgenommen wurde. Die Suche erfolgte schneller, wenn sich der Target-Zylinder an einer konsistenten Position (‚fern') befand; als Vergleichsbedingungen wurden die Zylinder auf gleich komplexen, zweidimensionalen Hintergründen positioniert. Andererseits war die Targetentdeckung langsamer, wenn der Target-Zylinder an einer inkonsistenten Position (‚nah') dargeboten wurde. Daraus wurde geschlussfolgert, dass dreidimensionale Information schon relativ frühe visuelle Prozesse beeinflusst. Jedoch konnten die Autoren keine Unterschiede in den Anstiegen der Suchfunktionen der einzelnen Bedingungen zeigen (alle Anstiege betrugen etwa 10 ms/Item). Flachere Anstiege wären ein direkter Hinweis dafür gewesen, dass die dreidimensionale Information schon auf einer präattentiven Stufe auf die Wahrnehmung einwirkt.

In den Experimenten von Aks und Enns (1996) wurden ebenfalls zylindrische Objekte (z.B. großes Target unter kleineren Distraktoren) an unterschiedlich weit entfernten Positionen präsentiert, jedoch wurden hierbei alle Objekte auf demselben Hintergrund gezeigt. Auch Aks und Enns fanden, dass die Reaktionen dann schneller erfolgten, wenn sich der große Target-Zylinder an einer entfernteren Position befand als wenn er näher am Beobachter platziert war. Aber auch in dieser Studie wurden keine Unterschiede zwischen den Anstiegen von konsistenten und inkonsistenten Bedingungen ermittelt (etwa 10 ms/Item), womit ein Erklärungsansatz, demzufolge scheinbare Größe präattentiv verarbeitet wird, nicht strikt gerechtfertigt ist.

In beiden Studien waren Unterschiede in der scheinbaren Größe immer mit Unterschieden in der retinalen Größe der Objekte konfundiert, das heißt ein Target, das scheinbar größer als die Distraktoren war, war gleichzeitig auch retinal größer. In der Studie von Found und Müller (2001) wurde diese Konfundierung beseitigt. Das Target unterschied sich nur noch aufgrund seiner scheinbaren Größe von allen Distraktoren. Genauer gesagt waren die Distraktoren in ihrer retinalen Größe der Position auf dem strukturierten Hintergrund angepasst; das heißt Distraktoren, die näher am Beobachter positioniert waren, waren (retinal) größer als Distraktoren, die sich weiter entfernt befanden. Daher gab es in jedem Display heterogene Distraktoren, also stets auch solche, deren retinale Größe der des Targets entsprach; jedoch erschien ein solches Target größer, da es an einer entfernteren Position gezeigt wurde. Auch diese Untersuchung konnte keine flacheren Suchfunktionen im Vergleich zu Kontrollbedingungen ermitteln. Jedoch führten Found und Müller ihre Ergebnisse nicht auf präattentive Verarbeitung scheinbarer Objektgröße zurück, sondern sie schlugen als Erklärung vor, dass das Target aufgrund von lokalen Vergleichen mit benachbarten Distraktoren auf der gleichen Tiefenebene (deren retinale Größe geringer war) entdeckt wird und dass die scheinbare Größeninformation diese Entdeckungszeiten erst in einem späteren Verarbeitungsschritt moduliert.

Diese zuletzt dargestellten Untersuchungen haben gemeinsam, dass in ihnen die Modulation der scheinbaren Größe der Objekte immer mit der Generierung eines Tiefeneindrucks verbunden war. Das heißt in diesen Untersuchungen waren die Informationen von scheinbarer Größe und scheinbarer Tiefe stets konfundiert. Eine andere Form der Operationalisierung der scheinbaren Größe sollte daher umgesetzt werden, um die Ergebnisse dieser Studien generalisierbar zu machen. In den Experimenten, die in der vorliegenden Arbeit vorgestellt werden, wurde daher die Wirkung einer geometrisch-optischen Illusion ausgenutzt, um bei unveränderter Tiefe die scheinbare Größe der Testobjekte zu manipulieren. Dazu bot sich die so genannte Ebbinghaus-Illusion an: Ein Kreis, der von einer Anzahl kleinerer Kreise umgeben ist, erscheint größer als ein identischer Vergleichskreis, während ein Kreis, der von größeren Kreisen umgeben ist, kleiner erscheint.

2.3 Psychophysik der Ebbinghaus-Illusion

Ebbinghaus stellte 1893 in seinem Buch „Grundzüge der Psychologie" wichtige Erkenntnisse über Wahrnehmungs- und Denkprozesse dar. Dabei beschrieb und erklärte er auch eine Anzahl bekannter geometrisch-optischer Täuschungen. Dazu gehört auch die folgende Beschreibung eigener Beobachtungen (zitiert nach 3. Auflage, 1913, Seite 65):

Kapitel 2: Entwicklung der Fragestellung

„Jedermann sieht die kleinsten Münzen seines Landes kleiner, die größten größer als ihren objektiven Maßen entspricht ... Man sieht Münzen fast stets in Gesellschaft verschiedener Stücke nebeneinander. Dadurch werden die kleinsten, neben denen es nur größere gibt, noch weiter nach unten, die größten umgekehrt weiter nach oben verschoben, während an den mittelgroßen Stücken die beiden entgegengesetzten Einflüsse sich die Wage halten."

Dass dieser Täuschung (siehe Abbildung 5) der Name Ebbinghaus-Illusion gegeben wurde, geht auf Wundt (1898) zurück. Eine andere frühe Demonstration eines zentralen Kreises, dessen Größe in Abhängigkeit von der Größe weiterer Kreise, die ihn umgeben, falsch beurteilt wird, stammt von Titchener (1901). Eine Folge dieser Darstellung war, dass heute beide Begriffe, Ebbinghaus-Illusion und Titchener-Kreise, Verwendung finden (siehe auch Burton, 2001).

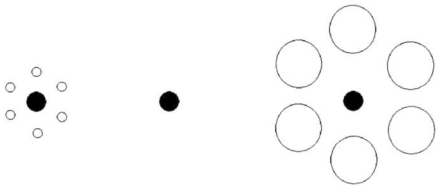

Abbildung 5. Ebbinghaus-Illusion: Ein Testkreis, der von kleineren Kontextkreisen umgeben ist, erscheint größer als ein identischer Vergleichskreis. Dagegen erscheint ein von größeren Kontextkreisen umgebener Testkreis kleiner.

Eine Ebbinghaus-Konfiguration besteht aus einem inneren Kreis, der von mehreren Kreisen umgeben ist. Personen, die eine solche Konfiguration sehen (oder auch tasten, siehe Franz, Gegenfurtner, Bülthoff & Fahle, 2000; Pavani, Boscagli, Benvenuti, Rabuffetti & Farnè, 1999), verschätzen sich, wenn sie die Größe des inneren Kreises (Testkreis) beurteilen sollen. Diese Fehlschätzung hängt vor allem von der Größe der umgebenden Kreise (Kontextkreise) relativ zur Größe des Testkreises ab. Die Fehlschätzung beruht darauf, dass die wahrgenommene (scheinbare) Größe des Testkreises, nicht der retinalen Größe, das heißt derjenigen Fläche, die das Bild des Testkreises auf der Netzhaut einnimmt, entspricht.

Es war das Ziel einer Reihe von psychophysischen Untersuchungen, das Ausmaß der Ebbinghaus-Illusion, das heißt das Ausmaß der Überschätzung eines von kleineren Kontextkreisen umgebenen Testkreises beziehungsweise das Ausmaß der Unterschätzung eines von größeren Kontextkreisen umgebenen Testkreises, in Abhängigkeit von verschiedenen Faktoren und experimentellen Manipulationen zu bestimmen. So wurde ermittelt, dass das Ausmaß der Fehlschätzung eines von mehreren Kontextkreisen umgebenen Testkreises relativ zu einem identischen Vergleichskreis ohne Kontextkreise zunimmt, wenn die Größendifferenz zwischen Test- und Kontextkreisen ansteigt (Massaro & Anderson, 1971), wobei dieser Anstieg annähernd linear verläuft. Weiterhin nimmt das Ausmaß der Fehlschätzung eines Testkreises zu, wenn dieser von einer steigenden Anzahl von Kontextkreisen umgeben ist (Massaro & Anderson, 1971; Oyama, 1960), wenn die Entfernung zwischen Test- und Kontextkreisen verringert wird (Girgus, Coren & Agdern, 1972; Massaro & Anderson, 1971; Oyama, 1960), wenn Test- und Kontextkreise ähnliche Luminanz oder Farbe haben (Jaeger & Grasso, 1993; Jaeger & Pollack, 1977) und wenn sich Test- und Kontextobjekte figural (Choplin & Medin, 1999; Coren & Miller, 1974; Deni & Brigner, 1997) und kategorial ähnlicher sind (Coren & Enns, 1993; Zanuttini, 1996).[4] Hingegen nimmt das Ausmaß der Ebbinghaus-Illusion ab, wenn die Präsentationsbedingung der Test- und Kontextkreise variiert wird, das heißt wenn die Kontextkreise früher als der Testkreis sichtbar sind (Cooper & Weintraub, 1970; Jaeger, 1978; Jaeger & Pollack, 1977). Werden in einer Ebbinghaus-Konfiguration kleinere und größere Kontextkreise gemischt, sollten sich die Effekte, die zur Unter- oder Überschätzung führen, gegenseitig aufwiegen, wodurch die Wirkung der Illusion verschwinden sollte. Tatsächlich bleibt jedoch bei gemischten Konfigurationen der Effekt einer leichten Unterschätzung erhalten, der darauf zurückgeführt wird, dass die größeren Kontextkreise, die zur Unterschätzung führen, salienter als die kleineren Kontextkreise sind und dadurch mehr Aufmerksamkeit auf sich lenken, wodurch deren Einfluss stärker erhalten bleibt (Ehrenstein & Hamada, 1995). Auch haben Gestalteigenschaften bei der Anordnung der Kontextkreise einen Einfluss auf das Ausmaß der Illusion (Weintraub & Schneck, 1986). So bewirken vier kleinere Kontextkreise, die in Form eines Quadrates um einen Testkreis positioniert sind, eine größere Überschätzung als vier kleinere Kontextkreise, die in identischem Abstand, aber in Form einer Raute („Diamant') um den Testkreis positioniert sind (Ehrenstein & Hamada, 1995). Eine Erklärung hierfür ist, dass die Diamanten-Konfiguration durch ihre größere maximale horizontale und vertikale Ausdehnung größer erscheint und dadurch die Kontextkreise weiter entfernt wahrgenommen werden.

---

[4] Wenn die zu beurteilenden Testkreise einen ‚emotionalen Wert' erhalten (‚Testkeks' statt Testkreis), schätzen Kinder ein von größeren Kontextobjekten umgebenes Testobjekt weniger klein ein (Muise, Brun & Porelle, 1997). Dies zeigt, dass kognitive und Wahrnehmungsprozesse miteinander interagieren.

Bei der Untersuchung der Ebbinghaus-Illusion ist die Methode, die verwendet wird, um die Fehlschätzung nachzuweisen, nicht entscheidend. Bei der ‚average error'-Methode (Anpassen eines Vergleichskreises an einen Testkreis), der Reproduktions-Methode (Zeichnen oder Markieren eines Vergleichskreises), der ‚Methode der gestuften Vergleiche' (Auswahl desjenigen Vergleichskreises aus einem Set möglicher Kreise, der dem Testkreis am meisten ähnelt) und der ‚Rating-Methode' (verbale Einschätzung des Testkreises) konnten signifikante Unterschiede zwischen verschiedenen experimentellen Bedingungen mit kleineren und größeren Kontextkreisen nachgewiesen werden. Auch mittels der Schätz-Methode (Größenschätzung) konnte der erwartete Trend der Ebbinghaus-Illusion bestätigt werden (Coren & Girgus, 1972a).

Eine weitere aktuelle Forschungslinie im Bereich der geometrisch-optischen Illusionen beschäftigt sich mit der Frage, wie die visuellen Mechanismen, die zur Entstehung von Illusionen führen, die Handlungssteuerung beeinflussen. Aglioti und Kollegen (1995) gehen von der Grundannahme aus, dass die visuellen Mechanismen, die die Wahrnehmung von Objekten gewährleisten, in Weltkoordinaten arbeiten, dass aber Mechanismen, die für die visuelle Kontrolle von objektbezogenen Handlungen verantwortlich sind, in personen- beziehungsweise körperbezogenen Koordinaten arbeiten. Die visuelle Wahrnehmung scheint demzufolge ‚weltbasiert' zu sein, die Objekte verändern hierbei ihre Position relativ zu einer konstanten Welt. Dagegen kann das System, das Handlungen koordiniert, nicht auf diese Konstanzen zurückgreifen und muss stattdessen die Position eines Objektes relativ zum Effektor berechnen. Aglioti, DeSouza und Goodale (1995) ermittelten, dass das Ausmaß der Ebbinghaus-Illusion auf Greifbewegungen geringer und variabler ist als das Ausmaß der Täuschung in der visuellen Wahrnehmung (siehe auch Haffenden & Goodale, 1998; 2000; Pavani, Boscagli, Benvenuti, Rabuffetti & Farnè, 1999). Das wird darauf zurückgeführt, dass in den beiden Prozessen die visuelle Information über verschiedene Wege, das heißt über den ventralen oder den dorsalen Pfad für visuelle beziehungsweise haptische Information, verarbeitet wird (Goodale & Milner, 1992). Die Ursache für die unterschiedlichen Verarbeitungssysteme (und insbesondere für die Unzuverlässigkeit des visuellen Systems) sei, dass die exakte metrische Repräsentation des gesamten visuellen Raumes sehr aufwendig wäre, und dass dies bei meist geringen Konsequenzen der visuellen Fehlschätzung nicht immer gewährleistet werden müsste. Deswegen wird bei der Analyse des visuellen Raumes auf ‚Weltkoordinaten' zurückgegriffen, die nur relative Positionen, Orientierungen, Größen oder Bewegungen umfassen. Hingegen ist für die Ausführung motorischer Akte (in unmittelbarer Nähe der Person) eine exakte Handlungssteuerung nötig, wofür ein separates visuelles System benötigt wird

(Haffenden & Goodale, 1998; siehe auch Franz, Gegenfurtner, Bülthoff & Fahle, 2000).

Eine Reihe von Autoren beschäftigte sich mit der Entstehung geometrisch-optischer Illusionen (Chiang, 1981; Coren, 1970; Gregory, 1963; Over, 1968) und speziell mit der Ebbinghaus-Illusion (Coren, 1971; Weintraub, 1979). Traditionelle Theorien sprechen davon, dass geometrisch-optische Illusionen dadurch entstehen, dass gewöhnlich Rückschlüsse über dreidimensionale Anordnungen getroffen werden müssen, die aber nicht mit deren Abbildungen übereinstimmen, da bei der zweidimensionalen Projektion weniger Tiefenhinweise zur Verfügung stehen (Gregory, 1963). Generell kommen für die Erklärung geometrischer Illusionen aber auch physiologische Mechanismen (retinale Induktion, kortikale Sättigung, laterale Inhibition, figurale Nacheffekte), Prozesse der Informationsaufnahme (Augenbewegungen, Fixierung) und Beurteilungsfehler (Perspektivendarstellung, Kontextlernen) in Frage (Over, 1968). Aber auch Aufmerksamkeitsmechanismen sind bei der Erklärung der Ebbinghaus-Illusion von Bedeutung: Werden beispielsweise die Probanden nicht explizit instruiert, einen bestimmten Punkt zu fixieren und werden Augenbewegungen ausdrücklich forciert, nimmt das Ausmaß der Ebbinghaus-Illusion ab (Cooper & Weintraub, 1970; siehe auch Coren & Girgus, 1972b). Pressey (1971; 1974a; 1974b) berichtete am Beispiel der Müller-Lyer- sowie der Ponzo-Täuschung, dass der Kontext nur dann die Wahrnehmung der Testobjekte beeinflusst, wenn sich dieser auch innerhalb des Fokus der Aufmerksamkeit befindet beziehungsweise wenn er handlungsrelevant ist, die Probanden ihm also Aufmerksamkeit zuwenden (Shulman, 1992).

Ein zentraler Punkt bei der Erklärung der Ebbinghaus-Illusion liegt in der Repräsentation von Größenkonstanz. Ein Erklärungsansatz von Weintraub und Schneck (1986) führt die Wirkung der Ebbinghaus-Illusion auf ein Zusammenspiel höherer kognitiver Prozesse zurück: Konturen ziehen Aufmerksamkeit auf sich, wobei die Entfernung zwischen den Konturen von entscheidender Bedeutung ist; das heißt Konturen, die sich näher beieinander befinden, lenken mehr Aufmerksamkeit auf sich. Weiterhin spielt die Vollständigkeit der Konturen eine besondere Rolle: Je unvollständiger eine Kontur ist, um so geringer ist ihre Wirkung. Die Ausrichtung des Größenkontrastes, das heißt ob ein Testkreis größer oder kleiner wahrgenommen wird, wird jedoch durch die Bedeutung des Kontexts (kleinere oder größere Kontextkreise) bestimmt. Coren (1971) lieferte eine Erklärung, wonach kleinere Kontextkreise als weiter entfernt wahrgenommen werden als größere, woraus folgt, dass auch der von kleineren Kontextkreisen umgebene Testkreis als weiter entfernt und dadurch größer wahrgenommen wird. Papathomas, Feher, Julesz und Zeevi (1996) fanden jedoch in Untersuchungen mit monokular und zyklopisch (beidäugig) sichtbaren Ebbinghaus-Konfigurationen, dass die Tiefe der Projektion der Test- und Kontextkreise nur dann relevant ist, wenn die Testkreise nur zyklopisch gesehen werden können, nicht aber, wenn sie auch einäugig zu sehen sind.

Weitere Mechanismen, die bei der Entstehung der Ebbinghaus-Illusion mitwirken, sind aktive Vergleichsprozesse zwischen Test- und Kontextobjekten, das heißt die Illusion spiegelt einen ‚kognitiven Kontrast' wider (Zanuttini, 1996). Das Ausmaß dieses Kontrastes ist abgeschwächt, wenn sich Test- und Kontextelemente unterscheiden. Dies wird darin deutlich, dass das Ausmaß der Ebbinghaus-Illusion mit zunehmender Ausbildung der Repräsentation des Größenkontrastes, also mit zunehmendem Alter junger Probanden, ansteigt (siehe auch Weintraub, 1979). Die Fehlschätzung innerhalb dieser Vergleichsprozesse nimmt übrigens ab, wenn anstelle mehrerer traditioneller Ebbinghaus-Konfigurationen nur eine sichtbar ist und beurteilt werden soll (Pavani et al., 1999).

Neben den individuellen Faktoren, die für das Auftreten beziehungsweise die Stärke der Ebbinghaus-Illusion verantwortlich sind, gibt es jedoch auch eine gewisse genetische Komponente, durch die das Ausmaß der Fehlbeurteilung einer geometrisch-optischen Konfiguration mitbestimmt wird (Coren & Porac, 1979). So wurden (wenn auch geringe) innerfamiliäre Ähnlichkeiten bei der Unterschätzung von Testkreisen ermittelt.

Eine aktuelle Arbeit von Pavlova und Sokolov (2000) zeigte, dass durch die Ebbinghaus-Illusion nicht nur die scheinbare Größe des Testkreises manipuliert wird. Die Autoren konnten auch nachweisen, dass die wahrgenommene Geschwindigkeit eines sich innerhalb einer Ebbinghaus-Konfiguration bewegenden Lichtpunktes von der Größe der Kontextkreise abhängt: Je kleiner ein Testkreis erscheint (also ein von größeren Kontextkreisen umgebener Testkreis), um so schneller erscheint die Geschwindigkeit des Lichtpunktes.

In den vorgestellten Untersuchungen wird häufig der Einfluss der Aufmerksamkeit auf die Wirkung geometrisch-optischer Illusionen oder speziell der Ebbinghaus-Illusion betont (Cooper & Weintraub, 1970; Coren & Girgus, 1972b; Pressey, 1971; 1974a; 1974b; Shulman, 1992; Weintraub und Schneck, 1986). Die folgenden Experimente wurden konzipiert, um Aufschluss darüber zu erlangen, wie Größe als Basismerkmal der visuellen Wahrnehmung präattentiv kodiert und repräsentiert wird. Da hierbei die geometrisch-optische Ebbinghaus-Illusion verwendet wurde, um die scheinbare Größe der Testobjekte zu manipulieren, können gleichzeitig Aussagen darüber getroffen werden, ob eine geometrische Konfiguration zwingend die Zuwendung von Aufmerksamkeit erfordert, um als Illusion wirksam zu werden.

2.4 Hypothesen und Überblick über die Experimente

In den visuellen Suchexperimenten, die in der vorliegenden Arbeit dargestellt werden, wurden den Probanden Displays mit einer variierenden Anzahl von Ebbinghaus-Konfigurationen dargeboten. (Zusätzlich gab es auch Kontrollbedingungen, in denen nur die Testkreise präsentiert wurden.) Der zu entdeckende Target-Testkreis (mit oder ohne Kontextkreise) war größer als die Distraktor-Testkreise (ebenfalls entweder von Kontextkreisen umgeben oder nicht). Aus den Erkenntnissen zur visuellen Aufmerksamkeit, nach denen sich Unterschiede zwischen den Objektmerkmalen (d.h. die Merkmalskontraste) auf die Leistung in einer visuellen Suchaufgabe niederschlagen, und den Befunden der psychophysischen Untersuchungen, nach denen die scheinbare Größe der Testkreise durch unterschiedliche Modifikationen der Kontextkreise variiert werden kann, ergeben sich konkret die folgenden Hypothesen, die in neun Experimenten geprüft wurden:

Wenn die scheinbare Größe von Target- und Distraktor-Testkreisen präattentiv berechnet und repräsentiert wird (wie die retinale Größe von Target- und Distraktor-Testkreisen), dann sollte die Targetentdeckung relativ zu den Kontrollbedingungen erleichtert sein, wenn die Kontextkreise die retinale Größendifferenz zwischen Target- und Distraktor-Testkreisen verstärken, und diese Erleichterung sollte unabhängig von der Displaygröße (Anzahl der Konfigurationen im Display) sein. Diese Hypothese konnte in Experiment 1 bestätigt werden. Zwei Kontrollexperimente dienten der Prüfung, ob die Ergebnisse von Experiment 1 tatsächlich auf die Manipulation der scheinbaren Größen der Testkreise zurückgeführt werden können. Dazu wurde einerseits das Ausmaß der Ebbinghaus-Illusion in den kritischen Bedingungen ermittelt (Experiment 2), andererseits wurden die korrespondierenden Leistungen von denjenigen Bedingungen verglichen, in denen die visuelle Suche auf der Basis der retinalen beziehungsweise der scheinbaren Größen der Testkreise erfolgte (Experiment 3).

Wenn die Kontextkreise den Target-Testkreis bedeutend größer erscheinen lassen und die Probanden diese Illusion ausnutzen können, sollte die Targetentdeckung auch dann erfolgreich verlaufen, wenn Target- und Distraktor-Testkreise allein auf der Grundlage ihrer retinalen Größen schwer zu unterscheiden sind. Diese Hypothese konnte nicht bestätigt werden (Experiment 4). Unter erschwerten Bedingungen erfolgt die Suche nicht länger effizient.

Wenn die Gegenwart der Kontextkreise selbst die Verarbeitung der Testkreise stört und diese Interferenz beispielsweise durch eine zeitlich verschobene Präsentation der Kontextkreise reduziert werden kann, dann sollte die Suchleistung in diesen experimentellen Bedingungen ähnlich der in Kontrollbedingungen sein. Diese Hypothese konnte in Experiment 5 bestätigt werden.

Ferner ist der Einfluss einiger Eigenschaften der Ebbinghaus-Konfigurationen in visuellen Suchaufgaben zu untersuchen. Dazu sind diejenigen Attribute systematisch zu variieren, die potenziell Wirkung auf die Modulation der Differenz der scheinbaren Größe zwischen Target- und Distraktor-Testkreisen durch die Kontextkreise haben, indem sie diese entweder förderlich oder hinderlich beeinflussen. Psychophysische Studien hatten gezeigt, dass das Ausmaß der Ebbinghaus-Illusion, das heißt die Stärke der Fehlschätzung, ansteigt, wenn die Anzahl der Kontextkreise erhöht wird (Massaro & Anderson, 1971; Oyama, 1960), wenn die Distanz zwischen Test- und Kontextkreisen verringert wird (Girgus, Coren & Agdern, 1972; Massaro & Anderson, 1971; Oyama, 1960) und wenn der Helligkeitskontrast zwischen Test- und Kontextkreisen verringert wird (Jaeger & Grasso, 1993; Jaeger & Pollack, 1977). Daraus schlussfolgernd ist davon auszugehen, dass in einer visuellen Suchaufgabe die Targetdetektion erleichtert wird, wenn die Testkreise von einer zunehmenden Anzahl von Kontextkreisen umgeben sind, wenn die Kontextkreise näher an den Testkreisen positioniert werden oder wenn Test- und Kontextkreise gleiche Helligkeit (oder Farbe) haben. Andererseits ist zu erwarten, dass diese Attribute die Differenzierbarkeit von Test- und Kontextkreisen erschweren, wodurch die Interferenz der Kontextkreise auf die Testkreise verstärkt wird. In den Experimenten 6 bis 8 wurde untersucht, welcher dieser Prozesse, Interferenz oder Erleichterung der Verarbeitung durch Modulation der scheinbaren Größe, dominiert. Die Ergebnisse sind in dieser Hinsicht eindeutig: Alle Attribute, die die Modulation der scheinbaren Größe in psychophysischen Experimenten fördern, wirkten in visuellen Suchexperimenten eher störend als vorteilhaft auf die Leistung der Probanden.

In Experiment 9 wurde untersucht, ob die große Interferenz, die durch die Ebbinghaus-Konfigurationen mit vielen nah an den Testkreisen platzierten Kontextkreisen mit geringem Helligkeitskontrast entsteht, überwunden werden kann, wenn die Kontext- und Testkreise zeitlich versetzt präsentiert werden (siehe Cooper & Weintraub, 1970; Jaeger & Pollack, 1977). Dies sollte sich auf die Targetdetektion folgendermaßen auswirken: Wenn die kombinierten Attribute der Kontextkreise bei simultaner Präsentation sehr störend sind (im Vergleich zu Bedingungen, in denen die Konfigurationen weniger störend sind), die Kontextkreise jedoch früher als die Testkreise dargeboten werden, sollte durch die förderlichen Effekte der Modulation der scheinbaren Größe eine leichtere Suche ermöglicht werden. Die Ergebnisse von Experiment 9 zeigen in dieser Hinsicht, dass es möglich ist, die Wirkung der hemmenden Prozesse zu verringern.

Diese Hypothesen werden in den folgenden Experimenten getestet. In der vorliegenden Arbeit soll jedoch nur eine Auswahl von Experimenten aus einer Reihe von Untersuchungen dargestellt werden, die den aufgestellten Hypothesen zielstrebig nachgehen. Weitere wichtige Experimente sollen nur nebenbei erwähnt werden. Im Weiteren wird ein Modell diskutiert, in welchem die Erleichterungen und Interferenzen, die durch die Modulation der scheinbaren Größen der Testkreise durch die Kontextkreise Einfluss auf die Suchleistung haben, gegeneinander dargestellt werden.

Kapitel 3: Experimenteller Teil

In den im Folgenden dargestellten visuellen Suchexperimenten wurden den Probanden Displays mit einer variierenden Anzahl von Ebbinghaus-Konfigurationen präsentiert (es gab auch Kontrollbedingungen, in denen nur die ‚inneren' Kreise der Ebbinghaus-Konfigurationen, die Testkreise, präsentiert wurden). Das Target (Zielreiz), über dessen An- oder Abwesenheit zu entscheiden war, war immer ein Testkreis (eventuell umgeben von einer Anzahl von Kontextkreisen), der größer als die Distraktor-Testkreise (Störreize), das heißt größer als die anderen Testkreise (ebenfalls eventuell von Kontextkreisen umgeben) im Display, war.[5] Wenn die scheinbare Größe der Target- und Distraktor-Testkreise, wie die retinale, präattentiv berechnet und repräsentiert wird, sollte die Targetentdeckung relativ zu den Kontrollbedingungen erleichtert verlaufen, da die Kontextkreise die retinale Größendifferenz zwischen Target- und Distraktor-Testkreisen durch die Modulation ihrer scheinbaren Größe verstärken können. Dieser die Suche erleichternde Effekt sollte unabhängig von der Anzahl der Ebbinghaus-Konfigurationen (Displaygröße) sein.

3.1 Standardsuche

Im ersten Abschnitt des experimentellen Teils dieser Arbeit wurde die visuelle Suche unter Standardbedingungen untersucht. Ziel war es herauszufinden, ob sich die durch die Präsentation der Kontextkreise hervorgerufene Manipulation der scheinbaren Größe der Testkreise in visuellen Suchparametern niederschlägt, das heißt ob eine Manipulation der Suchzeiten – der Anstiege der Suchfunktion oder der Basissuchzeiten – zu beobachten ist.

Ferner sollte ermittelt werden, ob eventuelle Unterschiede in den Parametern tatsächlich auf die Variation der scheinbaren Größe oder auf andere (konfundierende) Faktoren zurückzuführen sind.

---

[5] In den hier dargestellten Untersuchungen ist das Target stets größer als die Distraktoren. Aus Studien zu Suchasymmetrien (Treisman, 1985; Treisman & Gormican, 1988; Treisman & Souther, 1985) ist bekannt, dass die Suche nach einem kleinen Target unter größeren Distraktoren weniger effizient verläuft. In verschiedenen Pilotexperimenten wurde gezeigt, dass diese Effekte die RZ-Modulation durch die scheinbare Größe immer überlagern. Daher werden hier keine Bedingungen realisiert, in denen das Target kleiner als die Distraktoren ist.

3.1.1 Experiment 1: Standardsuche

Experiment 1 wurde durchgeführt, um zu untersuchen, ob die effiziente Suche nach einem größendefinierten Target-Testkreis (charakterisiert durch eine flache Funktion der Suchzeiten) durch die umgebenden Kontextkreise erleichtert werden kann, das heißt ob die (effiziente) Suche nach einem Target-Testkreis, der retinal größer als die Distraktor-Testkreise ist, sensitiv für die Manipulation der scheinbaren Größe der Testkreise durch die Kontextkreise ist. Es gab folgende experimentelle Bedingungen: Die Kontextkreise konnten kleiner als alle Testkreise im Display sein ('Kontext1'), so groß wie die Distraktoren ('Kontext2'), so groß wie das Target ('Kontext3') oder größer als alle Testkreise im Display ('Kontext4'). Ferner wurden Kontrollbedingungen umgesetzt, in denen keine Kontextkreise präsentiert wurden, das heißt es wurden nur die (Target- und Distraktor-) Testkreise dargeboten.

Wenn die Suchleistung sensitiv für die Modulation der scheinbaren Größe ist, welche die Größendifferenz zwischen dem Target- und den Distraktor-Testkreisen verstärkt, sollte die Targetdetektion in allen experimentellen Bedingungen erleichtert sein. Eine solche Erleichterung sollte beispielsweise eintreten, wenn die Probanden nach einem großen Target-Testkreis suchen und die Testkreise von kleineren Kontextkreisen umgeben sind (Kontext1). Obwohl die kleineren Kontextkreise sowohl den Target- als auch die Distraktor-Testkreise größer erscheinen lassen, sollte – wegen des stärkeren Größenkontrastes zwischen dem Target-Testkreis und den umgebenden Kontextkreisen im Vergleich zu den Distraktor-Testkreisen und den Kontextkreisen – der Anstieg in der scheinbaren Größe für den Target-Testkreis größer sein als für die Distraktor-Testkreise (Massaro & Anderson, 1971). Dadurch sollte die Differenz der scheinbaren Größen von Target- und Distraktor-Testkreisen ansteigen und die Targetdetektion erleichtert werden.

Auch in anderen experimentellen Bedingungen sollte eine Modulation der scheinbaren Größe von Target- und Distraktor-Testkreisen zu finden sein, beispielsweise wenn die Testkreise von größeren Kontextkreisen umgeben sind (Kontext4). Die Kontextkreise würden sowohl den Target- als auch die Distraktor-Testkreise kleiner erscheinen lassen, aber die Modulierung der scheinbaren Größe wäre (wegen des stärkeren Größenkontrastes zwischen den Distraktor-Testkreisen und den umgebenden Kontextkreisen) für die Distraktor-Testkreise ausgeprägter, was wiederum zu einer Vergrößerung des Kontrastes zwischen den scheinbaren Größen von Target- und Distraktor-Testkreisen führen würde. Es könnte jedoch für die Probanden schwieriger sein, diese Modulation auszunutzen, weil die Größe des Target-Testkreises in dieser Bedingung einen mittleren Wert zwischen der Größe der Distraktor-Testkreise und der der Kontextkreise einnimmt und die Suche nach einem ‚mittleren'

Target nicht mehr effizient erfolgt (Treisman & Gelade, 1980; Treisman & Gormican, 1988; Wolfe, 1998). Daraus könnte folgen, dass unter solchen Bedingungen die erleichternde Wirkung, die durch die Ebbinghaus-Illusion erzeugt wird, durch die erhöhte Schwierigkeit bei der Suche überlagert wird.

Die Einflüsse der Kontextkreise werden mit Kontrollbedingungen verglichen, in denen nur die Testkreise (ohne Kontextkreise) präsentiert werden. Wenigstens in Bedingungen mit kleineren Kontextkreisen (Kontext1) werden Vorteile der Modulation der scheinbaren Größe der Testkreise im Vergleich zu den Kontrollbedingungen erwartet. Wenn die Größenillusion präattentiv und räumlich-parallel kodiert wird, sollten die Gewinne unabhängig von der Displaygröße sein.

3.1.1.1 Methode

Probanden. Vierzehn Studenten der Universität Leipzig (elf weiblich; im Alter zwischen 19 und 26 Jahren) nahmen als Probanden an diesem Experiment teil. Alle hatten bereits Erfahrung mit visuellen Suchaufgaben und verfügten über normales oder korrigiertes Sehvermögen. Die Probanden wurde für ihre Teilnahme entweder bezahlt (12 DM pro Stunde), oder sie erhielten Teilnahmebestätigungen.

Apparate. Die Displays wurden auf einem AcerView 77e Monitor präsentiert, der von einem Personalcomputer gesteuert wurde. Derselbe PC diente der Datenaufzeichnung. Das Labor war schwach beleuchtet. Die Messung der Reaktionszeiten (RZ) begann mit der Präsentation der Testkreise (und gegebenenfalls der Kontextkreise). Die Antwortgabe erfolgte durch das Drücken einer Maustaste (rechte Taste für ‚Target anwesend', linke Taste für ‚Target abwesend'). Der Trackball war entfernt worden, um die Genauigkeit der Zeitmessung zu verbessern (Segalowitz & Graves, 1990). Die Probanden saßen in einer Distanz von 60 cm zum Monitor.

Stimulusmaterial. Die verwendeten Displays bestanden aus gefüllten ‚schwarzen' Testkreisen (.40 cd/m^2) und ungefüllten ‚weißen' Kontextkreisen mit schwarzer Kontur (17.0 cd/m^2), die auf ‚weißem' Hintergrund präsentiert wurden. Die Probanden hatten zu entscheiden, ob einer der schwarzen Testkreise größer (Target-Testkreis) als die anderen Testkreise (Distraktor-Testkreise) war. In der Hälfte der Durchgänge war ein Target-Testkreis im Display vorhanden, wobei dessen Position zufällig zwischen den Durchgängen variierte.

Der Target-Testkreis hatte einen Durchmesser von 10 mm, die Distraktor-Testkreise hatten Durchmesser von 6 mm. In Kontrollbedingungen wurden nur Target- und Distraktor-Testkreise präsentiert, das heißt es gab keine Kontextkreise. In den Experimentalbedingungen war jeder Testkreis von sechs Kontextkreisen umgeben, die in gleichem Abstand von den Testkreisen und voneinander platziert waren. Die Kontextkreise waren entweder 3, 6, 10 oder 16 mm im Durchmesser (entsprechend Kontext1 bis Kontext4), in jedem Suchdisplay hatten alle Kontextkreise die gleiche Größe. Für jede Größe der Kontextkreise war die Distanz zwischen den Mittelpunkten der Test- und Kontextkreise gleich groß (15, 16, 18 oder 21 mm für Kontext1 bis Kontext4). Da alle Kontextkreise in einem Durchgang gleich groß waren, war die Distanz zwischen den Mittelpunkten der Test- und Kontextkreise innerhalb eines Displays immer für alle Konfigurationen gleich. Für jede Größe der Testkreise war die Distanz zwischen den Umfängen der Test- und Kontextkreise gleich (10 mm für die Distraktor-Testkreise, 8 mm für den Target-Testkreis). Die Distanz zwischen den Mittelpunkten musste für kleinere Kontextkreise kleiner sein als für größere, um zu gewährleisten, dass die Kontextkreise um jeden Testkreis gruppiert wahrgenommen werden, das heißt um eine ‚Ebbinghaus-Konfiguration' zu bilden. Die Distanz zwischen den Mittelpunkten war für größere Kontextkreise relativ zu kleineren Kontextkreisen größer, um ein Überlappen der Kontext- und Testkreise zu vermeiden.

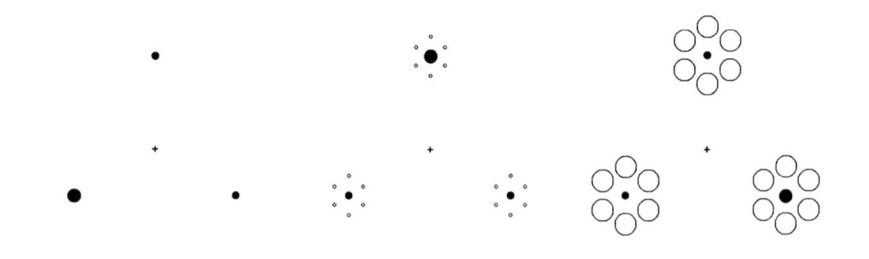

Abbildung 6. Beispieldisplays für Target-anwesend-Durchgänge der Kontroll-, Kontext1- und Kontext4-Bedingungen in Experiment 1.

Jedes Suchdisplay bestand aus einem zentralen Fixationskreuz und drei, fünf oder sieben Konfigurationen bestehend aus einem Testkreis umgeben von sechs Kontextkreisen. (Displays mit einer größeren Anzahl von Konfigurationen konnten nicht realisiert werden, Überlappungen der Kontextkreise zwischen den verschiedenen Konfigurationen wären sonst die Folge gewesen.) Diese Konfigurationen waren auf einem unsichtbaren Kreis (mit einem Radius von 70 mm) mit gleichen Abständen zwischen den Testkreisen um das Zentrum des Monitors angeordnet. Insgesamt nahm ein Display einen visuellen Winkel von 20° in Höhe und 20° in Breite ein. In Abbildung 6 sind Beispieldisplays dargestellt.

<u>Experimentelles Design und Versuchsablauf.</u> Die unabhängigen Variablen, die in Experiment 1 untersucht wurden, waren Displaygröße (3, 5, 7 Ebbinghaus-Konfigurationen), Kontextkreisgröße (0, 3, 6, 10, 16 mm) und Antwort (Target anwesend oder abwesend).

Eine experimentelle Sitzung bestand aus 750 Testdurchgängen (25 Durchgänge für jede der 30 Displaygröße x Antwort x Kontextkreisgröße-Bedingungen) und dauerte etwa eine Stunde. Die Sitzung war in 15 experimentelle Blöcke unterteilt, die jeweils aus 50 Durchgängen bestanden. Die Größe der Kontextkreise wurde innerhalb der Blöcke variiert. Die Displaygröße wurde innerhalb jedes Blockes konstant gehalten, aber zwischen den Blöcken verändert. Die Reihenfolge der Blöcke wurde über die Probanden variiert. Jeder Block begann mit zehn (nicht aufgezeichneten) Übungsdurchgängen (ein Durchgang für jeden der zehn unterschiedlichen Typen innerhalb eines Blockes). Die Probanden starteten jeden Block durch das Drücken einer Maustaste.

Jeder Durchgang begann mit der Präsentation eines kleinen schwarzen Fixationskreuzes in der Mitte des Bildschirms, um welches später die Displayelemente gruppiert wurden. Die Probanden waren instruiert, dieses Kreuz zu fixieren. Die Displayelemente wurden 750 ms nach dem Fixationskreuz präsentiert und blieben solange sichtbar, bis der Proband eine der Maustasten betätigt hatte. Nach einer falschen Antwort wurde für 200 ms ein akustisches Feedback („Piep-Ton') gegeben, und der Bildschirm wurde für 1.750 ms gelöscht. Nach einer korrekten Antwort dauerte dieses Inter-Trial-Intervall 750 ms. Im Anschluss daran begann der nächste Durchgang, bis das Ende des Blockes erreicht war.

Die Probanden waren instruiert, ihre Antwort so schnell, aber auch so korrekt wie möglich abzugeben.

3.1.1.2 Ergebnisse

<u>Analyse der RZ.</u> Für jeden Probanden wurden für jede experimentelle Bedingung die mittleren RZ sowie die dazu gehörenden Standardabweichungen der korrekten Antworten berechnet. Einzelne RZ, die außerhalb eines Bereiches

von ±2.5 Standardabweichungen um den Mittelwert lagen, wurden als Ausreißerwerte von den weiteren Analysen ausgeschlossen. Durch dieses Korrekturverfahren gingen etwa 3 % der Daten verloren. In Abbildung 7 sind die gemittelten RZ aller Probanden als Funktion der Displaygröße getrennt für die Antwort-Bedingungen dargestellt. Tabelle 1 zeigt eine Zusammenfassung der Basis-RZ und Suchraten (d.h. Schnittpunkt und Anstieg der RZ-Funktionen) in den experimentellen Bedingungen. Die individuell gemittelten RZ der Targetanwesend- und Target-abwesend-Durchgänge wurden in zwei getrennten Varianzanalysen mit Messwiederholung (ANOVA) mit den Faktoren Displaygröße (3, 5, 7) und Kontextkreisgröße (0, 3, 6, 10, 16 mm) geprüft.

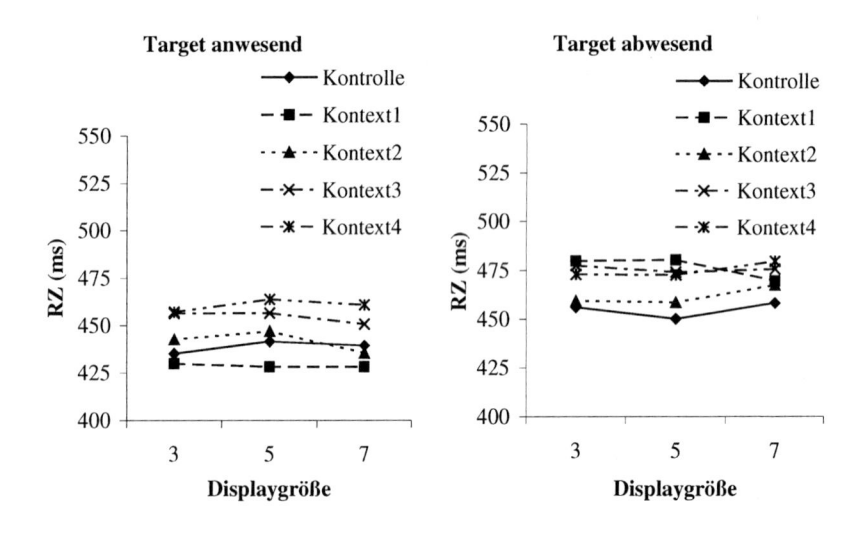

Abbildung 7. Mittlere Such-RZ (in Millisekunden) für Target-anwesend- und Target-abwesend-Durchgänge als Funktion der Displaygröße in Experiment 1. Die unterschiedlichen Linien repräsentieren die RZ in den unterschiedlichen Kontextkreisgröße-Bedingungen.

Die RZ in Target-anwesend-Durchgängen waren unabhängig von der Displaygröße (kein Haupteffekt Displaygröße: $F(2,26) = .653$, $p = .538$; keine Interaktion Displaygröße x Kontextkreisgröße: $F(8,104) = 1.411$, $p = .347$), variierten aber in Abhängigkeit von der Größe der Kontextkreise (Haupteffekt Kontextkreisgröße: $F(4,52) = 62.740$, $p < .001$).

Mittels paarweiser t-Tests wurde dieser Haupteffekt genauer untersucht. Vergleiche zwischen Suchbedingungen mit 3 und 16 mm großen Kontextkreisen (Kontext1 vs. Kontext4) zeigten, dass die RZ für Durchgänge mit kleineren

Kontextkreisen (428 ms gemittelt über alle Bedingungen) signifikant schneller waren als die RZ für Durchgänge mit größeren Kontextkreisen (460 ms) (paarweise t-Tests: t(13) = -5.812, -8.088 und -4.914 für die Displaygrößen 3, 5 und 7, alle p < .001; 32 ms Differenz). Auch paarweise Vergleiche zwischen den Bedingungen Kontext1 und Kontext2 (441 ms) (t(13) = -2.115, p = .054, t(13) = -6.017, p < .001 und t(13) = -1.268, p = .227 für die Displaygrößen 3, 5 und 7; 13 ms Differenz) beziehungsweise Kontext1 und Kontext3 (454 ms) (paarweise t-Tests: t(13) = -4.243, -9.403 und -5.786, alle p < .001; 26 ms Differenz) zeigten, dass die RZ mit steigender Größe der Kontextkreise zunahmen.

Bei der Suche nach einem großen Target-Testkreis verstärkten die kleineren Kontextkreise (Kontext1) die wahrgenommene Größendifferenz zwischen Target- und Distraktor-Testkreisen, wodurch der Target-Testkreis noch größer erschien und einfacher unter den kleinen Distraktor-Testkreisen zu bestimmen war. Sogar im Vergleich zu Kontrollbedingungen ohne Kontextkreise erfolgte die Targetdetektion bei der Präsentation kleinerer Kontextkreise in zwei der drei Displaygröße-Bedingungen signifikant schneller (Displaygröße 3: t(13) = .872, p = .200; Displaygröße 5: t(13) = 2.569, p < .012; Displaygröße 7: t(13) = 2.458, p < .015). Gemittelt über die drei Displaygrößen betrug der RZ-Vorteil der Kontext1-Bedingungen relativ zu den Kontrollbedingungen 10 ms.

Tabelle 1. Basis-RZ (in Millisekunden) und Anstiege (in Millisekunden/Item) separat für die Kontextbedingungen (Kontrolle, Kontext1, Kontext2, Kontext3 und Kontext4) in Experiment 1.

	Basis-RZ		Anstiege	
	anwesend	abwesend	anwesend	abwesend
Kontrolle	433	452	1.07	0.55
Kontext1	430	489	-0.41	-2.57
Kontext2	450	451	-1.82	2.00
Kontext3	461	477	-1.42	-0.44
Kontext4	456	466	0.91	1.62

Die RZ in Target-abwesend-Durchgängen waren unabhängig von der Displaygröße (kein Haupteffekt Displaygröße: F(2,26) = .272, p = .766; keine Interaktion Displaygröße x Kontextkreisgröße: F(8,104) = .876, p = .581), stiegen aber an, wenn Kontextkreise präsentiert wurden (Haupteffekt Kontextkreisgröße: F(4,52) = 9.143, p < .002).[6]

Analyse der Fehler. In Tabelle 2 sind die mittleren Fehlerraten aller experimentellen Bedingungen dargestellt. Über die individuellen Fehlerdaten wurde eine ANOVA mit den Faktoren Displaygröße, Kontextkreisgröße und Antwort berechnet. Diese Analyse erbrachte keine signifikanten Effekte. Es gibt keine Hinweise, die auf einen Reaktionsgeschwindigkeits-Genauigkeits-Ausgleich (z.B. Rabbitt & Vyas, 1970) deuten würden.

Tabelle 2. Auslasser- und falsche Alarm-Raten (in Prozent) in Abhängigkeit von der Displaygröße, separat für die Kontextbedingungen (Kontrolle, Kontext1, Kontext2, Kontext3 und Kontext4) in Experiment 1.

Displaygröße	Auslasser			falsche Alarme		
	3	5	7	3	5	7
Kontrolle	3.43	2.86	3.72	3.72	2.86	1.43
Kontext1	2.29	0.86	1.15	3.72	2.58	3.15
Kontext2	3.15	4.00	5.15	3.43	1.15	2.00
Kontext3	3.15	3.43	4.86	3.15	0.86	3.43
Kontext4	3.43	6.00	4.86	3.43	2.29	3.43

3.1.1.3 Diskussion

Die Daten belegen, konsistent mit früheren Studien (Bilsky &Wolfe, 1995; Duncan & Humphreys, 1992; Müller, Heller & Ziegler, 1995; Quinlan & Humphreys, 1987; Stuart, Bossomaier & Johnson, 1993; Treisman & Gelade, 1980; Treisman & Gormican, 1988), dass in einer einfachen visuellen Suchaufgabe die Detektion eines großen Targetobjektes unabhängig von der Displaygröße erfolgt. Die flachen Suchfunktionen bestätigen, dass die Größe von Objekten effizient verarbeitet wird.

Generell nahmen die RZ zu, wenn die Testkreise von größeren Kontextkreisen umgeben waren. Dies belegt, dass die Anwesenheit von Kontextkreisen grundsätzlich die Suchleistung behindert. Ursache dieser Interferenz scheint zu sein, dass die eigentlich aufgabenirrelevanten Kontextkreise, die den Testkreisen aber sehr ähneln, das Suchdisplay zusätzlich

---

[6] Da in diesen Durchgängen keine Target-Testkreise präsentiert wurden, ist die Modulation der scheinbaren Größe der Testkreise für alle Ebbinghaus-Konfigurationen im Display gleich. Deshalb wird auf eine detailliertere Untersuchung des Haupteffekts Kontextkreise verzichtet.

füllen. Es ist also anzunehmen, dass für eine erfolgreiche Suche die Aufmerksamkeit erst auf die aufgabenrelevanten Testkreise gelenkt und die Kontextkreise unterdrückt werden müssen, um die Interferenz zu überwinden.

Dabei hängt dass Ausmaß der Interferenz von der Größe der Kontextkreise, beziehungsweise der Größendifferenz zwischen Test- und Kontextkreisen, ab. Die Target-anwesend-RZ steigen mit zunehmender Größe der Kontextkreise an. Die Suchleistung war in den Bedingungen am schlechtesten, in denen die Kontextkreise gleich oder größer als das Target waren, das heißt wenn die Größe des Target-Testkreises einen ‚mittleren' Wert zwischen der Größe der Distraktor-Test- und der der Kontextkreise einnahm. Dieses Resultat stimmt mit den Ergebnissen anderer Studien überein, die gezeigt hatten, dass die Suche nach einem ‚mittleren' Target schwieriger ist als die Suche nach einem Target, das durch einen ‚größeren' (oder ‚kleineren') Wert der targetdefinierenden Eigenschaft charakterisiert ist (Treisman & Gelade, 1980; Treisman & Gormican, 1988; Wolfe, 1998). Daher könnte eine mögliche Erleichterung der visuellen Suche, die durch die Modulation der scheinbaren Größe durch die Ebbinghaus-Illusion entsteht, von einem stärkeren Ausmaß an Interferenz überdeckt sein.

Jedoch gibt es auch Hinweise auf eine Erleichterung der Suche, wenn die Testkreise von kleineren Kontextkreisen umgeben sind, nicht nur im Vergleich zu den Bedingungen mit größeren Kontextkreisen, sondern auch relativ zu den Kontrollbedingungen (zumindest bei 5- und 7-Element-Displays waren die RZ in Durchgängen, in denen kleinere Kontextkreise präsentiert wurden, beschleunigt). Dies zeigt, dass die Größenillusion, die durch die Kontextkreise hervorgerufen wurde, dazu beitragen kann, dass die generell durch die Kontextkreise verursachte Interferenz überwunden werden kann.

In den Target-abwesend-Durchgängen wirkten die Kontextkreise allgemein hinderlich auf die RZ, die Reaktionen erfolgten in allen experimentellen Bedingungen langsamer als in den Kontrollbedingungen; dieser Befund steht ebenfalls im Einklang mit der Interferenz-Erklärung.

Wie wird nun die Information über die scheinbare (im Gegensatz zur retinalen) Größe von Objekten verarbeitet? Die Targetdetektion ist für die Suche nach einem großen Targetobjekt erleichtert, wenn die Kontextobjekte die scheinbare Größe des Targets in einer ‚konsistenten' Weise beeinflussen, das heißt wenn die wahrgenommene Größe und dadurch die Differenz zwischen Target- und Distraktor-Testkreisen durch die kleineren Kontextobjekte verstärkt wird. Natürlich lassen die kleineren Kontextkreise nicht nur den großen Target-Testkreis größer erscheinen, sondern auch die (relativ zum Target-Testkreis) kleineren Distraktor-Testkreise. Jedoch ist die Modulation der scheinbaren

Größe für den Target-Testkreis stärker als für die Distraktor-Testkreise, da der Größenkontrast zwischen Target-Test- und Kontextkreisen größer ist als der Kontrast zwischen Distraktor-Test- und Kontextkreisen. Dies folgt nach Massaro und Anderson (1971), die zeigten, dass das Ausmaß des Größenkontrastes zwischen Test- und Kontextkreisen das Ausmaß der Fehlschätzung bei der Ebbinghaus-Illusion bestimmt.

Bei der Suche nach einem großen Target-Testkreis war der sucherleichternde Effekt der kleinen Kontextkreise nicht nur im Vergleich zu den Bedingungen mit größeren Kontextkreisen, sondern auch relativ zu den Kontrollbedingungen ohne Kontextkreise zu finden, obwohl man aufgrund der bloßen Gegenwart von Kontextkreisen auch hätte erwarten können, dass die Suche gestört wird. Die Beschleunigung der RZ relativ zu den Kontrollbedingungen war unabhängig von der Displaygröße (wenn überhaupt, nahm sie bei größeren Displays zu). Dies lässt den Schluss zu, dass Information über scheinbare Größe präattentiv verarbeitet und repräsentiert wird.

Eine alternative Erklärung für die RZ-Vorteile in den Bedingungen mit kleineren Kontextkreisen könnte sein, dass die Probanden das Target nicht aufgrund seiner (scheinbaren) Größe erkennen, sondern die Distanzen zwischen den Test- und Kontextkreisen berechnen (die Distanz zwischen den Umfängen des Target-Test- und der Kontextkreise ist geringer als die Distanz zwischen den Umfängen der Distraktor-Test- und der Kontextkreise) und zur Reaktion heranziehen. Für eine bestimmte Größe der Kontextkreise war die Distanz zwischen den Mittelpunkten der Test- und Kontextkreise gleich, unabhängig davon ob eine bestimmte Konfiguration einen Target- oder einen Distraktor-Testkreis beinhaltete. Durch die unterschiedliche Größe der Target- und Distraktor-Testkreise entstand eine kritische Distanz zwischen den Umfängen der Test- und Kontextkreise, so dass es hätte möglich sein können, das Target aufgrund der Unterschiede in dieser Umfang-Umfang-Distanz zwischen Target- und Distraktor-Konfigurationen zu bestimmen. Jedoch war die Umfang-Umfang-Distanz für eine bestimmte Testkreisgröße gleich, aber unabhängig von der Kontextkreisgröße, so dass es keine Unterschiede dieser Distanz zwischen Bedingungen mit kleineren und größeren Kontextkreisen gab. Würden die RZ-Vorteile in den Bedingungen mit kleineren Kontextkreisen darauf beruhen, dass die Probanden die unterschiedlichen Distanzen zwischen Test- und Kontextkreisen zur Entdeckung des Target-Testkreises benutzen, hätte die Suchleistung auch in Bedingungen mit größeren Kontextkreisen besser sein sollen als in den Kontrollbedingungen, da hier die Distanzen zwischen den Umfängen von Test- und Kontextkreisen bei Target- und Distraktor-Konfigurationen identisch waren.

Eine alternative Erklärung für die effiziente Suche nach dem Target-Testkreis, der von kleineren Kontextkreisen umgeben ist, wäre, dass die Probanden alle Konfigurationen des Displays parallel mit einer Repräsentation des Target-Testkreises mit kleineren Kontextkreisen im Gedächtnis vergleichen (nur diese Konfiguration produzierte schnellere Entdeckungs-RZ als die Kontrollbedingungen). Jedoch wäre eine solche Strategie nicht optimal, da diese Konfiguration nur in $^1/_5$ aller Target-anwesend-Durchgänge, also insgesamt nur in 10 % aller Durchgänge eines Blocks, präsentiert wurde.

Ein weiterer Grund, warum die Probanden bei der Suche die Konfiguration eines großen Testkreises umgeben von kleineren Kontextkreisen bevorzugten, könnte sein, dass diese Konfiguration eine bessere ‚Gestalt' als die alternativen Konfigurationen darstellt. Diese Annahme wurde in einer Studie untersucht, in welcher zwanzig Probanden gebeten wurden, die ‚Gestalthaftigkeit' (die Güte der Gestalt) der verschiedenen Konfigurationen zu beurteilen. Vier Konfigurationen (6 mm Testkreis-3 mm Kontextkreise, 6 mm Testkreis-16 mm Kontextkreise, 10 mm Testkreis-3 mm Kontextkreise, 10 mm Testkreis-16 mm Kontextkreise) wurden simultan an randomisierten Positionen auf einem Monitor präsentiert, und die Probanden sollten diese Konfigurationen in eine Rangreihe entsprechend ihrer ‚Gestalthaftigkeit' ordnen. Diese Untersuchung erbrachte keine Evidenz dafür, dass die Probanden die Konfiguration aus einem großen Test- und kleinen Kontextkreisen bevorzugten. Der mittlere Rangplatz für diese Konfiguration war 2.95. Dieser war äquivalent den Rängen für die Konfigurationen aus einem kleinen Test- und kleineren Kontextkreisen beziehungsweise einem kleinen Test- und größeren Kontextkreisen (2.90 bzw. 2.70), wohingegen die Konfiguration aus einem großen Test- und größeren Kontextkreisen am höchsten, das heißt am meisten ‚gestalthaft', eingestuft wurde (mittlerer Rangplatz 1.45). Dementsprechend gab es in den Suchbedingungen mit kleineren Kontextkreisen keine Unterschiede in der beurteilten ‚Gestalthaftigkeit' zwischen den Target- und Distraktor-Konfigurationen, so dass die Sucheffizienz in dieser Bedingung nicht auf die bessere Gestaltqualität zurückgeführt werden kann. Dagegen ergaben sich zwischen den Konfigurationen der Suchbedingungen mit größeren Kontextkreisen signifikante Unterschiede in der Beurteilung der ‚Gestalthaftigkeit'. Aber trotz dieser Unterschiede erfolgte die Suche in dieser Bedingung relativ langsam. Dieses Befundmuster bestätigt, dass die Suchleistung nicht durch die subjektive ‚Gestalthaftigkeit' der unterschiedlichen Bedingungen bestimmt wird.

Jaeger und Pollack (1977) berichteten, dass Unterschiede im Helligkeitskontrast zwischen Test- und Kontextkreisen das Ausmaß der Ebbinghaus-Illusion beeinflussten, das heißt ein geringerer Helligkeitskontrast (also ähnlichere Farben oder Graustufen bei Test- und Kontextkreisen) vergrößern die Fehlschätzung der Testkreise. Diese Helligkeitsunterschiede zwischen Test- und Kontextkreisen könnten in der Tat die Modulation der Suchzeiten erklären. Aber, wie Experiment 8 zeigen wird, wird die Suchleistung schlechter, wenn die Luminanzunterschiede reduziert werden, das heißt wenn Test- und Kontextkreise gleich hell oder dunkel sind.[7] Demzufolge kann ein Unterschied in der Helligkeit allein die Unterschiede zwischen den Suchzeiten der experimentellen Bedingungen nicht erklären.

Coren (1971) führte als eine mögliche Erklärung der Entstehung der Ebbinghaus-Illusion an, dass kleinere Kontextkreise weiter entfernt vom Betrachter wahrgenommen werden als größere. Dies führt dazu, dass Testkreise, die von kleineren Kontextkreisen umgeben sind, ebenso weiter entfernt wahrgenommen werden und dadurch größer erscheinen. Die Induzierung von Tiefeninformation könnte also eine Ursache für die Unterschiede der scheinbaren Größen in den verschiedenen Suchbedingungen sein.

Dementsprechend ist eine präattentive Kodierung der scheinbaren Größen der Testkreise, induziert durch die geometrisch-optische Ebbinghaus-Illusion, die die retinale Größendifferenz zwischen Target- und Distraktor-Testkreisen verstärkt, die plausibelste Erklärung für die beschleunigte Entdeckung bei der Suche nach einem großen Target-Testkreis umgeben von kleineren Kontextkreisen.

3.1.2 Experiment 2: Ermittlung der scheinbaren Größen

Um die eben diskutierte Erklärung zu testen, muss im Folgenden das exakte Ausmaß der scheinbaren Größe der Testkreise in den unterschiedlichen experimentellen Bedingungen gemessen werden, um das tatsächliche Vorliegen der Modulation der scheinbaren Größe der Testkreise durch die Ebbinghaus-Illusion zu beweisen. Daher wurden die experimentellen Bedingungen aus Experiment 1 in einem psychophysischen Experiment verwendet, um zu zeigen, dass es tatsächlich Unterschiede zwischen den wahrgenommenen Größen der Testkreise in Abhängigkeit von der Größe der Kontextkreise gibt.

---

[7] Ferner zeigte ein weiteres Suchexperiment mit gleich luminanten, aber unterschiedlich gefärbten Test- und Kontextkreisen ähnliche Modulationen der RZ, die Suchzeiten waren weniger effizient, wenn Test- und Kontextkreise gleich gefärbt waren im Vergleich zu unterschiedlich gefärbten Test- und Kontextkreisen.

3.1.2.1 Methode

Probanden. Vierundzwanzig Studenten der Universität Leipzig und der Ludwig-Maximilians-Universität München (20 weiblich; im Alter zwischen 20 und 51 Jahren) nahmen als Probanden an diesem Experiment teil. Zwölf Probanden hatten bereits Erfahrung mit psychologischen Experimenten, sie nahmen an zwei experimentellen Sitzungen teil und wurden für ihre Teilnahme bezahlt. Die zwölf anderen Probanden hatten bislang an keinem psychologischen Experiment teilgenommen, sie absolvierten im Rahmen eines Praktikums nur eine experimentelle Sitzung.[8]

Stimulusmaterial. Jedes Display bestand aus einer Ebbinghaus-Konfiguration und einem Vergleichskreis, jeweils eins von beiden wurde 60 mm links und rechts der Mitte des Displays präsentiert, wobei die Positionen der Ebbinghaus-Konfiguration und des Vergleichskreises zufällig variierten. Die Ebbinghaus-Konfiguration bestand aus einem schwarzen Testkreis von entweder 6 oder 10 mm Durchmesser, umgeben von sechs weißen Kontextkreisen von entweder 0 (keine Kontextkreise), 3, 6, 10 oder 16 mm Durchmesser. Diese Variationen stellten sicher, dass alle in Experiment 1 verwendeten Konfigurationen, einschließlich aller experimentellen und Kontrollbedingungen, in dieser psychophysischen Studie realisiert wurden. Die Größe des (ebenfalls schwarzen) Vergleichskreises variierte in 0.5 mm-Schritten zwischen 3 und 9 mm beziehungsweise 7 und 13 mm für Testkreise von 6 beziehungsweise 10 mm Durchmesser.

Experimentelles Design und Versuchsablauf. Die unabhängigen Variablen von Experiment 2 waren Größe des Testkreises (6, 10 mm), Größe der Kontextkreise (0, 3, 6, 10, 16 mm) und Größe des Vergleichskreises (variierend in dreizehn 0.5 mm-Schritten). Die Probanden waren instruiert, in jedem experimentellen Durchgang zu entscheiden, welcher der beiden schwarzen Kreise größer erschien und dies durch das Drücken der linken oder der rechten Maustaste anzuzeigen (nicht-beschleunigte Reaktion). Die Hälfte der Probanden nahm an einer experimentellen Sitzung, die andere Hälfte an zwei Sitzungen teil. Alle Faktoren wurden zufällig über jede Sitzung variiert. Jede Sitzung bestand aus 20 experimentellen Blöcken mit jeweils 65 Durchgängen und dauerte etwa 45 Minuten.

---

[8] Die Daten der unterschiedlichen Probandengruppen konnten bei der folgenden Analyse zusammengefasst werden, da eine erste deskriptive Analyse der gemittelten Daten keine bedeutenden Unterschiede zwischen den beiden Gruppen ergab.

3.1.2.2 Ergebnisse und Diskussion

In Abbildung 8 sind die gemittelten Antworthäufigkeiten ‚Testkreis erscheint größer als Vergleichskreis' als Funktion der Größe des Vergleichskreises für die unterschiedlichen Kontextkreisgrößen getrennt für 6 beziehungsweise 10 mm große Testkreise dargestellt. Derjenige Vergleichskreis, bei dem die Häufigkeit der Antworten 50 % beträgt, ist als ‚Punkt der subjektiven Gleichheit' (‚point of subjective equality') definiert und repräsentiert damit die scheinbare Größe des Testkreises in einer bestimmten experimentellen Bedingung. In Tabelle 3 sind die interpolierten Werte der scheinbaren Größen zusammengefasst.

Beispielsweise erscheint ein 6 mm großer Testkreis, der von 3 mm großen Kontextkreisen umgeben ist, 6.31 mm groß, während ein von 16 mm großen Kontextkreisen umgebener 6 mm großer Testkreis 5.64 mm groß erscheint. Ein 10 mm großer Testkreis erscheint 10.24 mm groß, wenn er von 3 mm großen Kontextkreisen umgeben ist, aber nur 9.12 mm groß, wenn die Kontextkreise 16 mm groß sind.

Tabelle 3. Geschätzte scheinbare Größen der Testkreise (in Millimeter) in Abhängigkeit von der retinalen Größe und der Größe der Kontextkreise in Experiment 2.

Kontextkreise	Testkreis	
	6	10
0	6.09	10.03
3	6.31	10.24
6	5.83	10.09
10	5.77	9.66
16	5.64	9.12

Diese Ergebnisse zeigen, dass die scheinbare Größe der Testkreise systematisch mit veränderter Größe der Kontextkreise variiert. Ein Testkreis, der von kleineren Kontextkreisen umgeben ist, erscheint größer, während ein von größeren Kontextkreisen umgebener Testkreis kleiner erscheint. Für beide Testkreisgrößen ist ferner festzustellen, dass auch diejenigen Konfigurationen, in denen die Kontextkreise die gleiche Größe wie die Testkreise hatten, eine Unterschätzung der entsprechenden Testkreisgröße verursachen, das heißt ein 6 mm großer Testkreis, der von 6 mm großen Kontextkreisen umgeben ist, erscheint 5.83 mm groß, ein 10 mm Testkreis mit 10 mm großen Kontextkreisen erscheint 9.66 mm groß.

Testkreis 6 mm

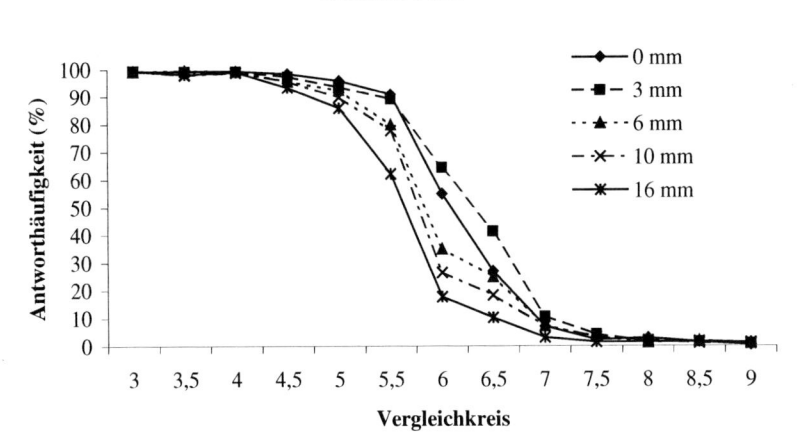

Testkreis 10 mm

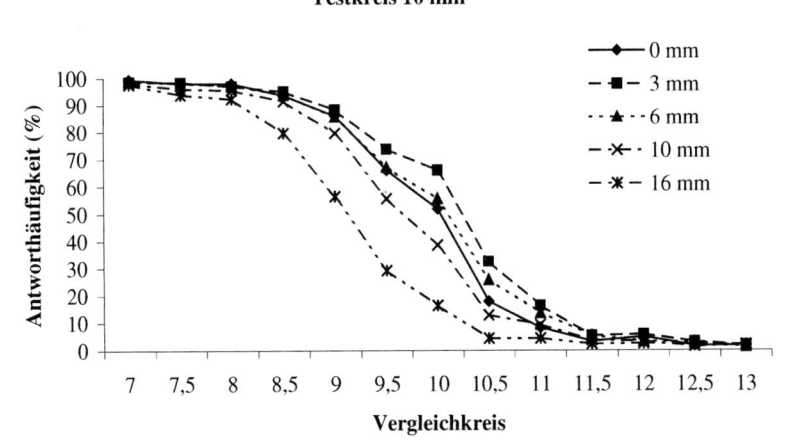

Abbildung 8. Mittlere Häufigkeit der Antworten ‚Testkreis erscheint größer als Vergleichskreis' (in Prozent) für 6 beziehungsweise 10 mm große Testkreise in Experiment 2. Die unterschiedlichen Kontextkreis-Bedingungen sind durch unterschiedliche Linien repräsentiert.

Zwei lineare Regressionsanalysen mit den Faktoren Größendifferenz zwischen Test- und Kontextkreisen und Ausmaß der Ebbinghaus-Illusion (Differenz aus retinaler und scheinbarer Größe der Testkreise in den experimentellen Bedingungen) lassen darauf schließen, dass zwischen beiden Variablen eine lineare Beziehung besteht: R = -.838, p = .077, für 6 mm große Testkreise; R = -.908, p = .033, für 10 mm große Testkreise. Diese Analyse bestätigt, dass es eine (annähernd) lineare Beziehung zwischen der Größendifferenz zwischen Test- und Kontextkreisen und dem Ausmaß der Ebbinghaus-Illusion gibt (siehe auch Massaro & Anderson, 1971).

3.1.3 Experiment 3: Kontrollexperiment

In Experiment 3 soll untersucht werden, ob die beschleunigte Targetentdeckung in Durchgängen mit kleineren Kontextkreisen in Experiment 1 tatsächlich auf der präattentiven Repräsentation der scheinbaren Größe der Testkreise beruht. Dies wäre der Fall, wenn die Effizienz der Targetentdeckung unter experimentellen Bedingungen mit Kontextkreisen (d.h. mit Wirkung der Ebbinghaus-Illusion) mit der Effizienz unter adaptierten Kontrollbedingungen ohne Kontextkreise, in denen die retinale Größe der Testkreise der scheinbaren Größe der Testkreise aus den entsprechenden Experimentalbedingungen entspricht, korrespondiert.

3.1.3.1 Methode

Probanden. Sechzehn Studenten der Universität Leipzig und der Ludwig-Maximilians-Universität München (alle weiblich; im Alter zwischen 21 und 36 Jahren) nahmen an diesem Experiment, das aus jeweils zwei Einzelsitzungen bestand, teil.

Stimulusmaterial. Die Stimulusdisplays waren ähnlich denen aus Experiment 1, außer dass die Größe der Testkreise in den Kontrollbedingungen verändert wurde. In den Experimentalbedingungen war der Target-Testkreis 10 mm groß, die Distraktor-Testkreise waren 6 mm groß. Die Kontextkreise waren entweder 3, 6, 10 oder 16 mm groß (Kontext1 bis Kontext4). Entsprechend den ermittelten scheinbaren Größen aus Experiment 2 hatten die Testkreise in den Kontrollbedingungen folgende (retinalen) Größen: In der angepassten Kontrollbedingung zur Experimentalbedingung Kontext1 war der Target-Testkreis 10.3 und die Distraktor-Testkreise 6.3 mm groß ('Kontroll1'). In der 'Kontroll2'-Bedingung waren die Testkreise 10.1 beziehungsweise 5.8 mm groß, in der 'Kontroll3'-Bedingung 9.7 beziehungsweise 5.7 mm und in der 'Kontroll4'-Bedingung 9.1 beziehungsweise 5.6 mm groß ('Kontroll1' bis 'Kontroll4' bezeichnen die entsprechenden Kontrollbedingungen zu den Experimentalbedingungen Kontext1 bis Kontext4).

Experimentelles Design und Versuchsablauf. Die unabhängigen Variablen waren Displaygröße (3, 5, 7), Testbedingung (Experimental-, Kontroll-), Kontextbedingung (3, 6, 10, 16 mm) und Antwort (Target anwesend, abwesend).

Der Versuchsablauf war identisch dem von Experiment 1. Jede der zwei experimentellen Sitzungen bestand aus zwölf experimentellen Blöcken mit jeweils acht Übungs- und 64 Testdurchgängen sowie sechs Blöcken mit vier Übungs- und 72 Testdurchgängen. Jede Sitzung dauerte etwa 45 Minuten.

3.1.3.2 Ergebnisse

Analyse der RZ. Durch das Ausschließen von Ausreißerwerten von der weiteren Analyse gingen weniger als 3 % der Daten verloren. In Abbildung 9 sind die gemittelten RZ als Funktion der Displaygröße für die Experimental- und Kontrollbedingungen dargestellt. Tabelle 4 zeigt die zusammengefassten Suchraten und Basis-RZ in den untersuchten Bedingungen. Die individuell gemittelten RZ der Target-anwesend- und Target-abwesend-Durchgänge wurden in zwei getrennten ANOVAs mit den Faktoren Displaygröße (3, 5, 7), Testbedingung (Experimental-, Kontroll-) und Kontextbedingung (3, 6, 10, 16 mm) geprüft.

Die Analyse der Target-anwesend-Durchgänge zeigte signifikante Haupteffekte für Testbedingung ($F(1,15) = 46.974$, $p < .001$) und Kontextbedingung ($F(2,30) = 25.592$, $p < .001$) sowie eine signifikante Interaktion zwischen beiden Faktoren ($F(3,45) = 9.129$, $p < .002$). Die RZ in den Kontrollbedingungen (437 ms gemittelt über alle Bedingungen) waren schneller als die in den Experimentalbedingungen (476 ms), ferner stiegen die RZ mit zunehmender Größe der Kontextkreise an. Diese Zunahme war in den Experimentalbedingungen stärker ausgeprägt als in den Kontrollbedingungen.

Mittels paarweiser t-Tests wurde der Haupteffekt Kontextkreisgröße genauer untersucht. Vergleiche zwischen den kritischen Suchbedingungen Kontext1 und Kontext4 sowie Kontroll1 und Kontroll4 erbrachten, dass sowohl in den Experimental- (454 vs. 494 ms) als auch in den Kontrollbedingungen (429 vs. 448 ms) die Suchzeiten in Durchgängen mit kleineren Kontextkreisen (beziehungsweise in den entsprechenden Kontrolldurchgängen) signifikant schneller waren als die RZ in den Durchgängen mit größeren Kontextkreisen (Experimentalbedingungen: $t(15) = -3.220, -7.508, -6.138$, alle $p < .003$, für die Displaygrößen 3, 5 und 7; Kontrollbedingungen: $t(15) = -3.984, -2.911, -3.476$, alle $p < .006$, für die Displaygrößen 3, 5 und 7). Über alle Displaygrößen gemittelt betrug die RZ-Differenz zwischen diesen Bedingungen 40 ms in den Experimental- und 19 ms in den Kontrollbedingungen.

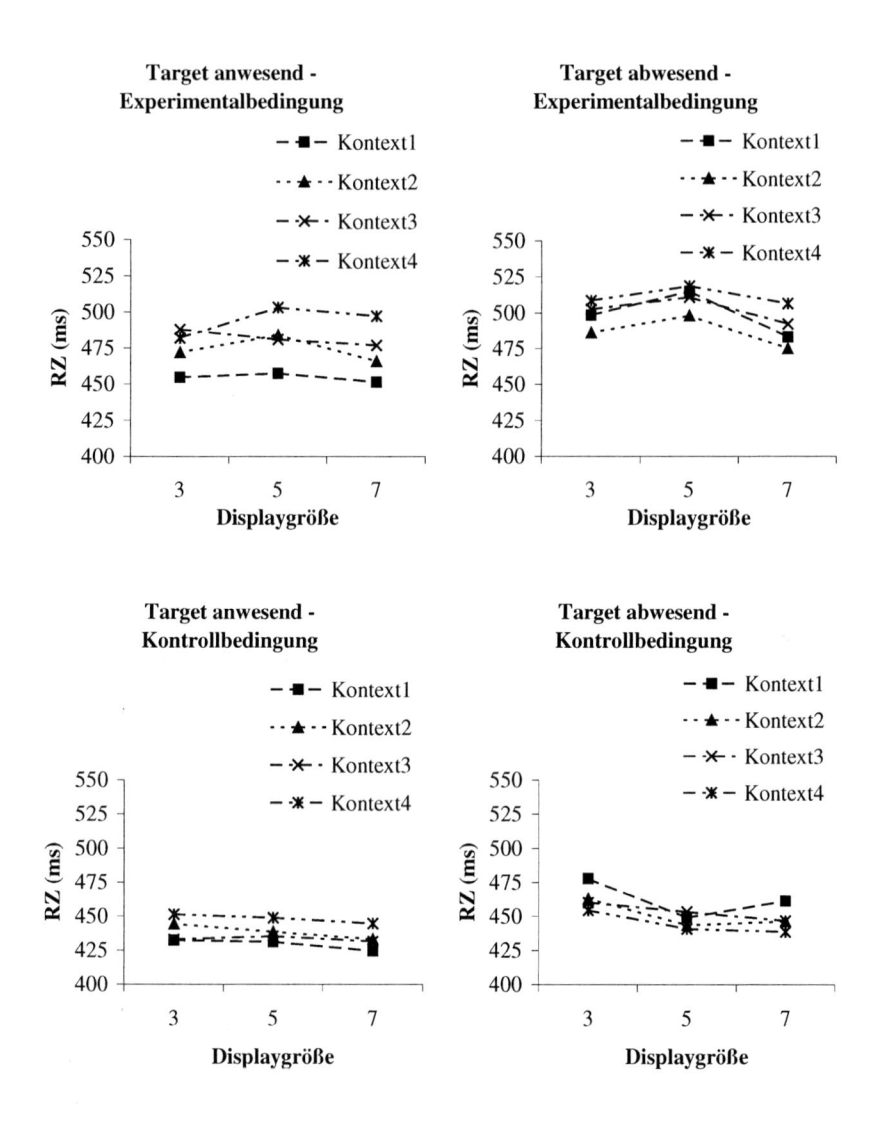

Abbildung 9. Mittlere Such-RZ (in Millisekunden) für Target-anwesend- und Target-abwesend-Durchgänge als Funktion der Displaygröße in den Experimental- und Kontrollbedingungen in Experiment 3.

Für die Target-abwesend-Durchgänge wurden ein signifikanter Haupteffekt für Testbedingung (F(1,15) = 29.552, p < .001) sowie eine signifikante Interaktion zwischen Testbedingung und Kontextbedingung (F(3,45) = 4.621, p < .021) ermittelt. Die RZ in den Kontrollbedingungen waren geringer als in den Experimentalbedingungen, der Unterschied zwischen Kontroll- und Experimentalbedingungen nahm mit steigender Größe der Kontextkreise zu.

Tabelle 4. Basis-RZ (in Millisekunden) und Anstiege (in Millisekunden/Item) separat für die Testbedingungen (Experimental-, Kontroll-) und die Kontextbedingungen (Kontext1, Kontext2, Kontext3 und Kontext4 beziehungsweise Kontroll1, Kontroll2, Kontroll3 und Kontroll4) in Experiment 3.

	Basis-RZ		Anstiege	
	anwesend	abwesend	anwesend	abwesend
	Experimentalbedingungen			
Kontext1	459	518	-0.84	-3.77
Kontext2	482	501	-1.53	-2.81
Kontext3	496	515	-2.79	-2.59
Kontext4	475	514	3.81	-0.53
	Kontrollbedingungen			
Kontroll1	439	483	-1.97	-4.04
Kontroll2	453	472	-2.80	-4.17
Kontroll3	435	470	-0.36	-3.39
Kontroll4	457	465	-1.69	-3.95

Analyse der Fehler. In Tabelle 5 sind die mittleren Fehlerraten aller Bedingungen von Experiment 3 dargestellt. Über die individuellen Fehlerdaten wurde eine ANOVA mit den Faktoren Testbedingung, Displaygröße, Kontextbedingung und Antwort berechnet. Die einzigen signifikanten Effekte waren der Haupteffekt für Antwort (F(1,15) = 52.745, p < .001) und die Interaktion zwischen Antwort und Kontextbedingung (F(3,45) = 5.612, p < .011). Es wurden mehr Fehler in den Target-anwesend-Durchgängen gemacht (Auslasser) als in den Target-abwesend-Durchgängen (falsche Alarme). Diese Differenz stieg mit zunehmender Größe der Kontextkreise beziehungsweise in den entsprechenden Kontrollbedingungen an. Anhand der Fehlerdaten lassen sich die Unterschiede zwischen den Experimental- und den Kontrollbedingungen nicht erklären.

Tabelle 5. Auslasser- und falsche Alarm-Raten (in Prozent) in Abhängigkeit von der Displaygröße, separat für die Testbedingungen (Experimental-, Kontroll-) und die Kontextbedingungen (Kontext1, Kontext2, Kontext3 und Kontext4 beziehungsweise Kontroll1, Kontroll2, Kontroll3 und Kontroll4) in Experiment 3.

Displaygröße	Auslasser			falsche Alarme		
	3	5	7	3	5	7
	Experimentalbedingungen					
Kontext1	2.50	1.25	2.75	3.75	2.00	1.50
Kontext2	4.00	4.00	2.50	1.00	2.50	1.75
Kontext3	4.25	5.00	3.25	3.25	2.75	3.75
Kontext4	5.00	5.25	5.00	1.00	2.75	3.00
	Kontrollbedingungen					
Kontroll1	1.85	2.75	3.50	3.00	2.50	2.50
Kontroll2	3.75	3.75	5.25	4.25	3.25	1.25
Kontroll3	5.75	3.50	3.00	2.75	1.75	2.00
Kontroll4	3.75	3.50	4.00	1.00	1.50	0.50

3.1.3.3 Diskussion

Die Ergebnisse von Experiment 3 bestätigen, dass die visuelle Suche nach einem (scheinbar) größeren Target-Testkreis nicht von der Displaygröße abhängt. Die Suchfunktionen lassen den Schluss zu, dass die scheinbare Größe der Target- und Distraktor-Objekte effizient verarbeitet wird.

Obwohl die RZ-Funktionen in den Kontrollbedingungen schneller waren als in den Experimentalbedingungen, zeigen sich in beiden Testbedingungen ähnliche Verlaufsmuster in Abhängigkeit von der Kontextbedingung, das heißt die RZ steigen mit zunehmender Kontextkreisgröße beziehungsweise in den entsprechenden Kontrollbedingungen an. Dieser Befund zeigt, dass die Reaktionsgeschwindigkeit bei der visuellen Suche vom Größenkontrast zwischen Target- und Distraktor-Testkreisen abhängt. Dieser ist beispielsweise in der ‚Kontroll1'-Bedingung (4 mm Größendifferenz zwischen Target- und Distraktor-Testkreisen) ausgeprägter als in der ‚Kontroll4'-Bedingung (3.5 mm Größendifferenz zwischen Target- und Distraktor-Testkreisen). Da die Differenz der retinalen Größen in den experimentellen Bedingungen stets gleich ist, können die RZ-Unterschiede zwischen den Kontext1- und Kontext4-Bedingungen nur auf Unterschieden zwischen den scheinbaren Größen beruhen.

Jedoch sind die RZ in den Experimentalbedingungen im Mittel um 39 ms langsamer. Dieses Resultat könnte bedeuten, dass die visuelle Suche in den Experimentalbedingungen sehr wohl durch die Kontextkreise moduliert wird, dass aber bei der Reaktion in den Experimentalbedingungen zusätzliche Prozesse involviert sind, wie etwa die Unterdrückung der eigentlich aufgabenirrelevanten Kontextkreise, welche als weitere Störreize neben den Distraktor-Testkreisen wirken.

Die Unterschiede zwischen den Kontroll- und den Experimentalbedingungen können jedoch zumindest teilweise auch aus Unterschieden im Versuchsdesign zwischen Experiment 1 und Experiment 3 resultieren: In Experiment 1 waren die Kontrollbedingungen in Blöcke mit variablen Kontextkreisgrößen eingebettet, während in Experiment 3 Experimental- und Kontrollbedingungen in separaten Blöcken dargeboten wurden, so dass hier die Probanden bereits vor jedem Durchgang wussten, ob Kontextkreise präsentiert werden. Ferner muss beachtet werden, dass in beiden Experimenten die Kontrollbedingungen unterschiedlich häufig auftraten; während in Experiment 1 nur 20 % aller Durchgänge Kontrollbedingungen waren, wurden in Experiment 3 in 50 % aller Durchgänge keine Kontextkreise präsentiert. Auch diese unterschiedlichen Häufigkeiten können strategisch Einfluss auf die Leistungen der Probanden haben, die beschleunigten Reaktionen in den Kontrollbedingungen von Experiment 3 können anteilig auch auf Übungseffekten beruhen. Diese Faktoren könnten die schnelleren Reaktionen in den Kontrollbedingungen mit verursachen.

3.1.4 Diskussion Experimente 1 bis 3

Die Ergebnisse bestätigen, dass die visuelle Suche nach einem (scheinbar) größeren Targetobjekt unabhängig von der Displaygröße ist (Experiment 1). Die flachen Suchfunktionen (und die Unabhängigkeit der Modulation der scheinbaren Größe von der Displaygröße) in den Experimenten 1 und 3 weisen darauf hin, dass die scheinbare Größe der Target- und Distraktorobjekte präattentiv verarbeitet wird.

Die RZ in den Experimental- und Kontrollbedingungen in Experiment 3 weisen ähnliche Muster auf, das heißt die Modulation der Suchzeiten durch die scheinbare Größe in den Experimentalbedingungen ähnelt der, die durch die adaptierten retinalen Größen in den Kontrollbedingungen hervorgerufen wird. Damit wird ein Beleg dafür erbracht, dass die Ergebnisse in den experimentellen Bedingungen von Experiment 1 auf der Modulation der scheinbaren Größe beziehungsweise der Differenz der scheinbaren Größen von Target- und Distraktor-Testkreisen beruhen.

Die längeren Suchzeiten in den Experimentalbedingungen gegenüber den Kontrollbedingungen kann darauf zurückzuführen sein, dass die (aufgabenirrelevanten) Kontextkreise generell Interferenz hervorrufen, die überwunden werden muss, um die Suchaufgabe effizient bearbeiten zu können, und dass zusätzliche Prozesse zu deren Unterdrückung notwendig sind, die sich in längeren RZ in den Experimentalbedingungen niederschlagen.

3.2 Modulation der Sucheffizienz

Im zweiten Abschnitt wird untersucht, wie die Effizienz der visuellen Suche beeinflusst werden kann. In Experiment 4 soll die Sucheffizienz dadurch verringert werden, dass Target- und Distraktor-Testkreise weniger gut zu unterscheiden sind. Wenn durch die Kontextkreise die Testkreise, speziell der Target-Testkreis, substanziell größer oder, besonders die Distraktor-Testkreise, substanziell kleiner erscheinen und die Probanden in der Lage sind, diese Größenillusion auszunutzen, sollte die Targetentdeckung auch dann erfolgreich verlaufen, wenn Target- und Distraktor-Testkreise ohne Kontextkreise allein auf Basis ihrer retinalen Größe nur schwer zu diskriminieren sind.

In Experiment 5 soll die visuelle Suche in den experimentellen Bedingungen erleichtert werden. Wenn die Anwesenheit von Kontextkreisen die Verarbeitung der Testkreise stört und diese Interferenz, zum Beispiel durch zeitlich versetzte Präsentation der Kontext- und Testkreise, verringert werden kann, sollte die Suchleistung in diesen Bedingungen der Leistung in den Kontrollbedingungen ähneln.

3.2.1 Experiment 4: Erschwerte Suche

Experiment 4 wurde durchgeführt, um zu prüfen, ob der in Experiment 1 demonstrierte Einfluss der Kontextkreise auch unter erschwerten Suchbedingungen manifestiert ist. Wenn die Wirkung der Kontextkreise die Größendifferenz zwischen Target- und Distraktor-Testkreisen substanziell verstärkt, so sollte die Targetentdeckung in den experimentellen Bedingungen auch dann noch erfolgreich sein, wenn Target- und Distraktor-Testkreise aufgrund der Differenz ihrer retinalen Größen weniger gut oder gar nicht diskriminierbar sind. Um das zu untersuchen, wurde in Experiment 4 die Größendifferenz zwischen Target- und Distraktor-Testkreisen reduziert. Wenn die Probanden den Effekt der Fehlschätzung der Ebbinghaus-Illusion ausnutzen können, sollte man einen erleichternden Effekt, wenigstens in den Bedingungen mit kleineren Kontextkreisen, in dieser schwierigen Suchaufgabe erwarten, da die Verwendung der scheinbaren Größe eine Möglichkeit bieten sollte, die Aufgabe (besser) lösbar zu machen.

3.2.1.1 Methode

Probanden. Achtzehn Studenten der Universität Leipzig (14 weiblich; im Alter zwischen 19 und 47 Jahren) nahmen an Experiment 4 teil.

Stimulusmaterial. Die Suchdisplays ähnelten denen aus Experiment 1, außer dass die Größe der Testkreise verändert wurde. Ein Pilotexperiment ohne Kontextkreise mit fester Target- (10 mm) und variabler Distraktorgröße über alle Durchgänge wurde durchgeführt, um zu bestimmen, welche Größendifferenz zwischen Target- und Distraktor-Testkreisen minimal nötig ist, um die Anwesenheit eines Targets verlässlich angeben zu können. Wenn Target- und Distraktor-Testkreise im Durchmesser um mindestens 3 mm differierten, war die Anwesenheit eines Targets problemlos detektierbar. Wenn die Differenz der Durchmesser von Target- und Distraktor-Testkreise nur 1 mm war, waren beide nicht mehr überzufällig voneinander zu unterscheiden. Aufgrund dieser Information war der Target-Testkreis in Experiment 4 10 mm groß, die Distraktor-Testkreise 9 mm, die Kontextkreise in den Experimentalbedingungen waren wie in Experiment 1 3, 6, 10 oder 16 mm groß. Die Größe der Kontextkreise wurde innerhalb jedes Blockes konstant gehalten.

Experimentelles Design und Versuchsablauf. Die unabhängigen Variablen in Experiment 4 waren Displaygröße (3, 5, 7), Kontextkreisgröße (0, 3, 6, 10, 16 mm) und Antwort (Target anwesend, abwesend).

Der Versuchsablauf war ähnlich dem von Experiment 1. Die Sitzung bestand aus 30 Blöcken mit jeweils 15 Übungs- und 25 Testdurchgängen. Die hohe Anzahl von Übungs-Durchgängen sollte den Probanden helfen, die hohe Fehleranzahl zu reduzieren. Die Sitzung dauerte 60 Minuten.

3.2.1.2 Ergebnisse

Analyse der RZ. Das Verfahren zum Ausschluss von Ausreißerwerten führte zum Verlust von etwa 5 % der Daten. Abbildung 10 stellt die gemittelten RZ als Funktion der Displaygröße dar. In Tabelle 6 sind die Suchraten und die Basis-RZ zusammengefasst. Die individuellen RZ der Target-anwesend- und

Target-abwesend-Durchgänge wurden in zwei separaten ANOVAs mit den Faktoren Displaygröße (3, 5, 7) und Kontextkreisgröße (0, 3, 6, 10, 16 mm) auf signifikante Effekte geprüft.

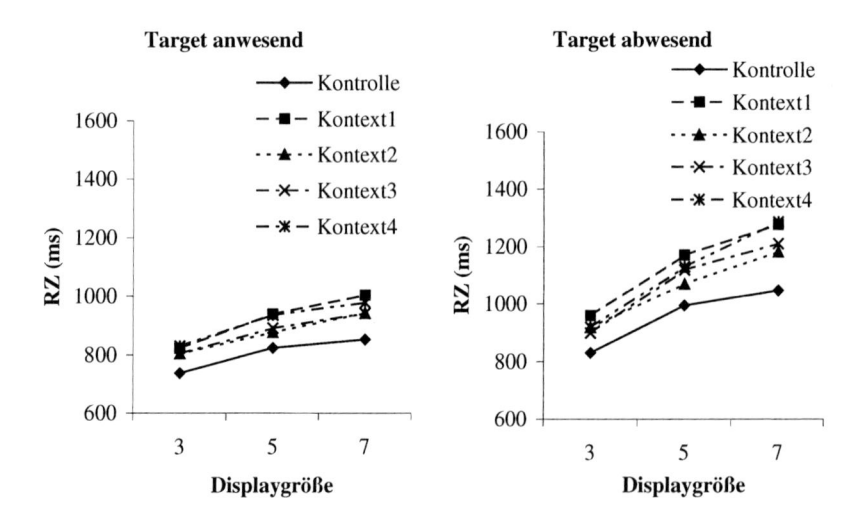

Abbildung 10. Mittlere Such-RZ (in Millisekunden) für Target-anwesend- und Target-abwesend-Durchgänge als Funktion der Displaygröße in Experiment 4.

Die Analyse der Target-anwesend-Durchgänge bestätigte signifikante Haupteffekte für Displaygröße ($F(2,34) = 20.286$, $p < .001$) und Kontextkreisgröße ($F(4,68) = 7.448$, $p < .002$). Die Interaktion zwischen beiden Faktoren war nicht signifikant ($F(8,136) = .885$, $p = .560$). Die RZ nahmen mit steigender Displaygröße zu. Ferner waren die RZ in den Kontrollbedingungen (804 ms gemittelt über alle Displaygröße-Bedingungen) schneller als die RZ in allen Experimentalbedingungen (unabhängig von der Größe der Kontextkreise).

Zwischen den RZ in den experimentellen Bedingungen gab es keine signifikanten Unterschiede (920, 873, 878 bzw. 913 ms für die Bedingungen Kontext1, Kontext2, Kontext3 und Kontext4; alle paarweisen t-Tests ergaben $p > .071$). Es wurden keine Hinweise für eine erleichterte Targetentdeckung durch die Modulation der scheinbaren Größe aufgrund der Präsentation von Kontextkreisen, auch nicht von kleineren, gefunden.

Auch in den Target-abwesend-Durchgängen nahmen die RZ mit steigender Displaygröße zu (Haupteffekt Displaygröße: $F(2,34) = 18.208$, $p <$

.001), und die RZ in den Kontrollbedingungen waren schneller als in allen Experimentalbedingungen (Haupteffekt Kontextkreisgröße: $F(4,68) = 6.821$, $p < .003$). Dieser Effekt der Kontextkreise war unabhängig von der Displaygröße (keine Interaktion: $F(8,136) = 1.545$, $p = .255$).

Tabelle 6. Basis-RZ (in Millisekunden) und Anstiege (in Millisekunden/Item) separat für die Kontextbedingungen (Kontrolle, Kontext1, Kontext2, Kontext3 und Kontext4) in Experiment 4.

	Basis-RZ		Anstiege	
	anwesend	abwesend	anwesend	abwesend
Kontrolle	662	687	28.36	54.15
Kontext1	694	738	45.15	79.40
Kontext2	701	728	34.52	65.73
Kontext3	707	688	34.07	77.55
Kontext4	729	652	36.79	91.71

Analyse der Fehler. Tabelle 7 zeigt eine Zusammenfassung der Fehlerdaten von Experiment 4. Die individuellen Fehleranzahlen wurden mittels einer ANOVA mit den Faktoren Displaygröße, Kontextkreisgröße und Antwort untersucht. Diese Analyse ergab, dass insgesamt mehr Auslasserfehler als falsche Alarme gemacht wurden (Haupteffekt Antwort: $F(1,17) = 31.921$, $p < .001$). Die Fehleranzahl, vor allem die Anzahl der Auslasserfehler, nahm mit steigender Displaygröße zu (Haupteffekt Displaygröße: $F(2,34) = 6.670$, $p < .008$; Interaktion Displaygröße x Antwort: $F(2,34) = 6.551$, $p < .008$). Ferner variierte die Fehleranzahl in Abhängigkeit von der Größe der Kontextkreise (Haupteffekt Kontextkreisgröße: $F(4,68) = 4.734$, $p < .013$).

Tabelle 7. Auslasser- und falsche Alarm-Raten (in Prozent) in Abhängigkeit von der Displaygröße, separat für die Kontextbedingungen (Kontrolle, Kontext1, Kontext2, Kontext3 und Kontext4) in Experiment 4.

	Auslasser			falsche Alarme		
Displaygröße	3	5	7	3	5	7
Kontrolle	10.99	13.12	17.12	6.45	7.78	6.00
Kontext1	11.33	15.78	23.33	8.00	10.67	8.22
Kontext2	8.45	10.67	16.89	4.67	4.23	4.89
Kontext3	12.67	12.45	15.33	5.78	4.67	4.45
Kontext4	10.45	14.67	18.23	4.23	6.00	5.56

3.2.1.3 Diskussion

Die Ergebnisse von Experiment 4 bestätigen die Resultate von Treisman und Gormican (1988), die gezeigt hatten, dass die Suchfunktionen von (Merkmals-) Suchaufgaben steil ansteigen, wenn Target- und Distraktorobjekte schwer voneinander zu unterscheiden sind (siehe auch Duncan & Humphreys, 1989). Dieser Anstieg kann daher stammen, dass in solchen Aufgaben die Elemente des Suchdisplays seriell abgesucht werden müssen. Daraus resultiert ein Verhältnis von 1:2 der Anstiege für die Target-anwesend- und Target-abwesend-Durchgänge, was eine serielle, selbstabbrechende beziehungsweise erschöpfende Suche (für Target-anwesend- bzw. Target-abwesend-Durchgänge) nahe legt (Treisman, 1985). Auch in Experiment 4 wurden solche Verhältnisse der Anstiege der Suchfunktionen gefunden (z.B. 1.00 : 1.93 [28 ms : 54 ms], Kontrollbedingung; 1.00 : 1.76 [45 ms : 79 ms], Bedingung Kontext1; 1.00 : 2.49 [37 ms : 92 ms], Bedingung Kontext4).

Ziel von Experiment 4 war, das Ausmaß des Einflusses der Fehlschätzung durch die Kontextkreise auf die Testkreise unter erschwerten Suchbedingungen zu untersuchen. Auch unter diesen Bedingungen sollten wenigstens die kleineren Kontextkreise (Bedingung Kontext1) den Target-Testkreis größer erscheinen lassen. Da der Größenkontrast zwischen dem Target-Testkreis und den Kontextkreisen weiterhin ausgeprägter war als der Kontrast zwischen den Distraktor-Testkreisen und den Kontextkreisen, sollte der Einfluss der Kontextkreise auf den Target-Testkreis größer sein als auf die Distraktor-Testkreise. Jedoch zeigen die Ergebnisse, dass die Information der scheinbaren Größe für die Suchaufgabe nicht gewinnbringend ausgenutzt werden konnte. Im Gegenteil die pure Anwesenheit von Kontextkreisen im Display beeinträchtigte die Suchleistung generell.

Aus den Fehlerdaten kann geschlussfolgert werden, dass die Probanden überzufällig gut in der Lage waren, diese Aufgabe trotz der erschwerten Target-Distraktor-Unterscheidbarkeit zu lösen (10.3 % Fehler gemittelt über alle Bedingungen).[9] Aber die RZ der experimentellen Bedingungen waren im Vergleich zu den Kontrollbedingungen verlangsamt, ebenso waren in den Kontrollbedingungen die Suchraten niedriger. Daraus ist zu folgern, dass die Präsentation von Kontextkreisen Interferenzen hervorruft, die die förderlichen Effekte durch die Modulation der scheinbare Größe überlagern.

---

[9] Der Befund, dass die Probanden die Suche mit einer Genauigkeit weit über Zufallsniveau ausführen konnten, kann darauf beruhen, dass die Größe der Distraktor-Testkreise nicht variierte. Im Pilotexperiment war sie jedoch variabel, und es wurde bei einer falschen Antwort kein Feedback gegeben. Weiterhin ist zu beachten, dass die Probanden eine große Anzahl von Übungsdurchgängen absolvierten.

Eine mögliche Erklärung, warum kein Effekt der Modulation der scheinbaren Größe beobachtet wurde, könnte sein, dass die Probanden die Displaykonfigurationen seriell absuchten (d.h. sie waren nicht in der Lage, die Target- und Distraktor-Testkreise parallel zu vergleichen). In diesem Fall könnten die Probanden eine Art Schablone des Targets (,template', Duncan & Humphreys, 1989) generiert und als Gedächtnisrepräsentation aufrechterhalten haben, mit der jedes aktuell untersuchte Displayelement verglichen wurde. Unter solchen Bedingungen ist eine Modulation der Effekte durch die scheinbare Größe nicht zu erwarten, da diese Schablone die Repräsentation der Kontextkreise zusätzlich zum Target-Testkreis einschließt (innerhalb jedes Blockes war die Kontextkreisgröße konstant). Eine alternative Möglichkeit wäre, dass die Probanden jeweils ein Displayelement verarbeiten, seine Größe im Gedächtnis behalten und dann schrittweise die folgenden Elemente absuchen, um festzustellen, ob es einen Größenunterschied zum gemerkten Element gibt. Um eine solche Suchstrategie zu optimieren, müssten die aufgabenirrelevanten, das Display überfüllenden Kontextkreise unterdrückt werden, das heißt nicht mit im Gedächtnis gespeichert werden, besonders da die zusätzliche Repräsentation der Kontextkreise verwirrend wäre. Auch in diesem Fall sind keine Effekte unterschiedlicher Kontextkreisgröße zu erwarten.

Zusammenfassend ist daher festzustellen, dass die Ebbinghaus-Illusion nicht stark genug wirkt, um irgendeinen erleichternden Effekt in dieser schwierigen Suchaufgabe hervorzurufen. Wenn die Kontextkreise unterdrückt werden müssen, sollte keine differenzielle Modulation der scheinbaren Größe zu erwarten sein. Die Ergebnisse von Experiment 4 verdeutlichen, dass Kosten entstehen, wenn die aufgabenirrelevanten Kontextkreise inhibiert werden müssen; diese Kosten sind in allen experimentellen Bedingungen ähnlich ausgeprägt. Dieser Mechanismus der Unterdrückung ist unter schwierigen Suchbedingungen stärker als unter Standardsuchbedingungen, wodurch alle anderen Effekte der Modulation durch die scheinbare Größe überlagert werden.

3.2.2 Experiment 5: Erleichterte Suche

Experiment 5 wurde mit dem Ziel konzipiert zu untersuchen, ob die Probanden prinzipiell in der Lage sind, die (aufgabenirrelevanten) Kontextkreise zu unterdrücken, um die (aufgabenrelevanten) Target- und Distraktor-Testkreise effektiver, das heißt ohne Interferenz durch die Kontextkreise, verarbeiten zu können. Um das zu untersuchen, wurden die Kontextkreise schon 750 ms vor den Testkreisen präsentiert (sukzessive Präsentation). Wenn die Kontextkreise bei simultaner Präsentation (z.B. in Experiment 1) die Suchleistung beeinträchtigen, so ist zu erwarten, dass den Probanden durch die vorzeitige

Präsentation der Kontextkreise ('preview') die Möglichkeit gegeben wird, die Kontextkreise zu unterdrücken, ehe die Testkreise gezeigt werden. Daraus folgend sollten durch den Preview alle Modulationen der scheinbaren Größe durch die Kontextkreise verschwinden (oder wenigstens reduziert werden) und für alle Kontextkreisbedingungen ähnliche Effekte zu erwarten sein. Diese Annahme basiert darauf, dass die Kontextkreise ähnlich wie bei Prozessen wie dem visuellen Markieren ('visual marking', z.B. Watson & Humphreys, 1997; 2000) unterdrückt werden, das heißt dass in einem parallelen top-down gelenkten Prozess diejenigen Displayelemente markiert (inhibiert) werden, die nicht mit der Repräsentation des Targetelements ('template') übereinstimmen (siehe auch Egeth, Virzi & Garbart, 1984; Kaptein, Theeuwes & van der Heijden, 1995). Ferner gibt es Hinweise aus psychophysischen Studien, die die Annahme unterstützen, dass das Ausmaß der Ebbinghaus-Illusion signifikant reduziert ist, wenn die Kontextkreise früher als der Testkreis präsentiert werden (Cooper & Weintraub, 1970; Jaeger, 1978; Jaeger & Pollack, 1977). (In diesen Untersuchungen wurde jeweils nur eine Ebbinghaus-Konfiguration zu einem Zeitpunkt dargeboten.)

3.2.2.1 Methode

Probanden. Zwölf Studenten der Universität Leipzig (zehn weiblich; im Alter zwischen 19 und 29 Jahren) nahmen an diesem Experiment in einer Sitzung teil.

Stimulusmaterial. Die Stimuli waren identisch denen aus Experiment 1, abgesehen davon, dass die Kontext- und Testkreise zeitlich versetzt präsentiert wurden (siehe Experimentelles Design und Versuchsablauf). Ferner wurde aus ökonomischen Gründen auf die Realisierung der Bedingungen Kontext2 und Kontext3 (6 und 10 mm große Kontextkreise) verzichtet, da für diese Bedingungen ähnliche Effekte wie für die beiden anderen Kontextkreisbedingungen zu erwarten waren.

Experimentelles Design und Versuchsablauf. Die unabhängigen Variablen waren Displaygröße (3, 5, 7), Kontextkreisgröße (0, 3, 16 mm) und Antwort (Target anwesend, abwesend). Die experimentelle Sitzung bestand aus neun Blöcken mit jeweils zehn Übungs- und 50 Testdurchgängen und dauerte etwa 20 Minuten.

Der Versuchsablauf war ähnlich dem von Experiment 1, außer dass die Kontextkreise früher als die Testkreise präsentiert wurden. Jeder Durchgang begann mit der Präsentation des Fixationskreuzes (in der Mitte des Bildschirms) und der Kontextkreise (angeordnet um die Positionen der später hinzugefügten Testkreise) für 750 ms. Daraufhin wurden die Testkreise zu den Kontextkreisen und dem Fixationskreuz ergänzt. Die vollständigen Ebbinghaus-Konfigurationen blieben bis zur erfolgten Reaktion sichtbar. In den Kontrollbedingungen wurde nur das Fixationskreuz für 750 ms präsentiert, danach erschienen die Target- und Distraktor-Testkreise (d.h. der Versuchsablauf war in den Kontrollbedingungen identisch dem von Experiment 1). Die Instruktion war identisch der von Experiment 1, das heißt die Probanden wurden nicht explizit instruiert, die Kontextkreise zu unterdrücken.

3.2.2.2 Ergebnisse

<u>Analyse der RZ.</u> Durch den Ausschluss der Ausreißerwerte von den weiteren Berechnungen gingen weniger als 3 % der Daten verloren. In Abbildung 11 sind die gemittelten RZ als Funktion der Displaygröße dargestellt. In Tabelle 8 sind die Suchraten und Basis-RZ zusammengefasst. Die individuellen RZ für die Target-anwesend- und Target-abwesend-Durchgänge wurden in zwei ANOVAs mit den Faktoren Displaygröße (3, 5, 7) und Kontextkreisgröße (0, 3, 16 mm) untersucht.

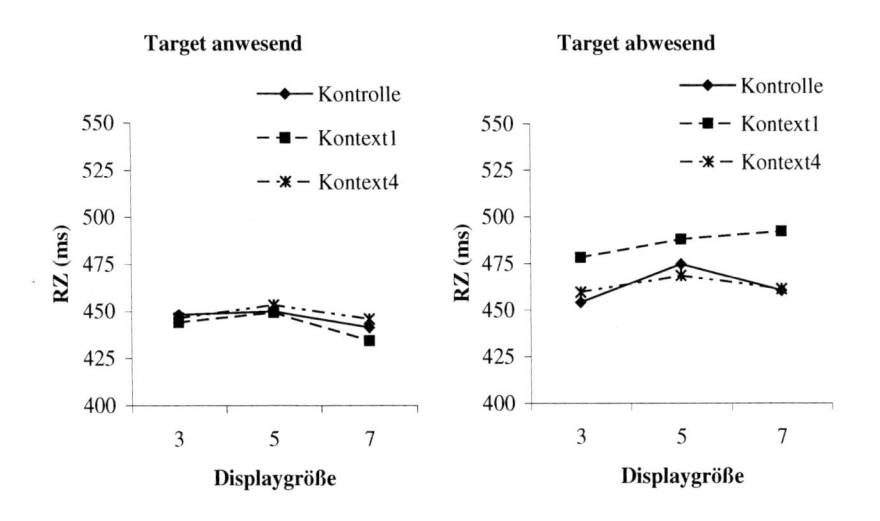

Abbildung 11. Mittlere Such-RZ (in Millisekunden) für Target-anwesend- und Target-abwesend-Durchgänge als Funktion der Displaygröße in Experiment 5.

Die Analyse der Target-anwesend-Durchgänge zeigte keine signifikanten Effekte (Haupteffekt Displaygröße: F(2,22) = 2.073, p = .176; Haupteffekt Kontextkreisgröße: F(2,22) = 1.198, p = .342; Interaktion Displaygröße x Kontextkreisgröße: F(4,44) = .222, p = .919). Weder die Manipulation der Displaygröße noch die der Kontextkreisgröße (446, 442 bzw. 448 für Kontroll-, Kontext1- und Kontext4-Bedingung) hatte einen signifikanten Einfluss auf die RZ.

Die Analyse der Target-abwesend-Durchgänge erbrachte nur Hinweise für einen signifikanten Haupteffekt der Kontextkreisgröße (F(2,22) = 7.068, p < .012), alle anderen Effekte waren nicht signifikant (Haupteffekt Displaygröße: F(2,22) = .802, p = .475; Interaktion Displaygröße x Kontextkreisgröße: F(4,44) = 2.645, p = .113).

Tabelle 8. Basis-RZ (in Millisekunden) und Anstiege (in Millisekunden/Item) separat für die Kontextbedingungen (Kontrolle, Kontext1 und Kontext4) in Experiment 5.

	Basis-RZ		Anstiege	
	anwesend	abwesend	anwesend	abwesend
Kontrolle	454	455	-1.68	1.58
Kontext1	454	468	-2.45	3.54
Kontext4	449	461	-0.12	0.41

Analyse der Fehler. Die Fehlerraten der einzelnen Bedingungen sind in Tabelle 9 zusammengefasst. Eine ANOVA über die individuellen Fehlerdaten mit den Faktoren Displaygröße, Kontextkreisgröße und Antwort erbrachte als einzigen signifikanten Effekt eine Hauptwirkung für Kontextkreisgröße (F(2,22) = 5.664, p < .023). Die Probanden machten in den experimentellen Bedingungen mehr Fehler als in den Kontrollbedingungen.

Tabelle 9. Auslasser- und falsche Alarm-Raten (in Prozent) in Abhängigkeit von der Displaygröße, separat für die Kontextbedingungen (Kontrolle, Kontext1 und Kontext4) in Experiment 5.

	Auslasser			falsche Alarme		
Displaygröße	3	5	7	3	5	7
Kontrolle	1.67	1.33	2.00	3.00	1.67	0.67
Kontext1	2.33	2.33	2.67	4.67	3.00	3.00
Kontext4	1.67	3.00	3.67	0.67	2.00	1.33

3.2.2.3 Diskussion

Das Anliegen von Experiment 5 war, den Probanden durch die zeitlich versetzte Präsentation der Kontext- und Testkreise eine Möglichkeit zu bieten, die Kontextkreise (von denen angenommen wird, dass sie generell die Leistung in der Suchaufgabe stören) vor der Präsentation der Target- und Distraktor-Testkreise zu inhibieren, indem beispielsweise ein paralleler visueller Markierungsprozess ausgenutzt wird (Olivers, Watson & Humphreys, 1999; Watson & Humphreys, 1997; 2000). Wenn die Unterdrückung erfolgreich ist, sollten in dieser Preview-Bedingung alle Effekte, die durch die Kontextkreise hervorgerufen werden, reduziert sein oder gänzlich verschwinden. Das Muster der RZ konnte diese Hypothese bestätigen. Die Effekte, die in Experiment 1 durch die Kontextkreise hervorgerufen wurden (die Nutzen bzw. Kosten der Bedingungen mit kleineren bzw. größeren Kontextkreise relativ zu den Kontrollbedingungen), waren in ihrem Ausmaß reduziert und nicht mehr statistisch bedeutsam. Der RZ-Gewinn für die Bedingungen mit kleinen Kontextkreisen (Kontext1) relativ zu den Kontrollbedingungen betrug in Experiment 1 über alle Bedingungen gemittelt 10 ms, die Kosten in der Kontext4-Bedingung 32 ms. In Experiment 5 betrugen die entsprechenden Werte 4 beziehungsweise 2 ms. Da die Probanden nicht explizit instruiert waren, die vorzeitig präsentierten Kontextkreise zu unterdrücken, kann man davon ausgehen, dass die Probanden dazu tendieren, die Kontextkreise zu inhibieren, um bei der simultanen Präsentation der Test- und Kontextkreise (also in den Experimenten 1, 3 und 4) den Target-Testkreis zu entdecken, auch wenn sie prinzipiell die Wirkung der Ebbinghaus-Illusion ausnutzen konnten, um die Targetdetektion zu beschleunigen. Bei der simultanen Präsentation beeinflussen die Kontextkreise die Targetentdeckung bereits relativ früh in jedem Durchgang, und ihre Wirkung nimmt ab, wenn die Unterdrückung effektiver wirksam werden kann.

Zusammenfassend kann festgestellt werden, dass die Daten mit der Vorhersage übereinstimmen, dass die Probanden in der Lage sind, die (aufgabenirrelevanten) Kontextkreise von der Suche auszuschließen und stattdessen die Verarbeitung auf die Untermenge der (aufgabenrelevanten) Testkreise im Display zu beschränken. Ähnliche Mechanismen, nämlich dass die Probanden bei der visuellen Suche die Verarbeitung auf eine Untermenge der präsentierten Objekte beschränken, wurden beispielsweise von Egeth, Virzi und Garbart (1984) oder Kaptein, Theeuwes und van der Heijden (1995) beschrieben.

3.2.3 Diskussion Experimente 4 und 5

In den Experimenten 4 und 5 wurde die Modulation der Parameter der Suchfunktion in verschiedenen Suchbedingungen untersucht.

Wenn die Suche dadurch erschwert war, dass Target- und Distraktor-Testkreise gering voneinander zu differenzieren waren, unterschieden sich die Suchfunktionen der experimentellen Bedingungen in Abhängigkeit von der Größe der Kontextkreise nicht voneinander. Im Vergleich zu den Kontrollbedingungen stiegen die RZ generell an, wenn zusätzlich zu den Testkreisen Kontextkreise präsentiert wurden, unabhängig von deren Größe, wodurch die Suche erschwert wurde. Dabei scheint das Ausmaß der Verlangsamung relativ unabhängig von der Displaygröße zu sein (die mittleren Kosten relativ zur Kontrollbedingung betrugen 77, 86 und 113 ms für die Displaygrößen 3, 5 und 7; gemittelt über alle Displaygrößen 19.6 ms/Item; keine Interaktion Displaygröße x Kontextkreisgröße). Daraus folgt, dass die Gewinne relativ zu den Kontrollbedingungen, die durch die Modulation der scheinbaren Größe entstehen, davon abhängen könnten, dass die Suche effizient erfolgen kann. Wenn die Suche ineffizient (seriell) verläuft, das heißt nicht auf paralleler Verarbeitung der Salienzkontraste zwischen Target- und Distraktor-Testkreisen beruht, kann die Ebbinghaus-Illusion den Größenkontrast zwischen den retinalen Größen der Target- und Distraktor-Testkreise nicht verstärken, und die Suche wird vermutlich derart vollzogen, dass die Displayobjekte individuell mit einer im Gedächtnis gespeicherten Repräsentation des Targets (oder des zuletzt verarbeiteten Elements) verglichen werden. Die Tatsache, dass die Kosten, die bei der Präsentation von Kontextkreisen in den Experimentalbedingungen entstehen, unabhängig von der Displaygröße sind (zwei additive Effekte), lässt den Schluss zu, dass die Kontextkreise in einem parallelen Schritt unterdrückt werden, wonach die Suche nach dem Target-Testkreise in seriellen Schritten erfolgen kann, indem nur die Testkreise fokussiert werden und die Kontextkreise von der weiteren Verarbeitung ausgeschlossen sind.

Die Annahme, dass die Kontextkreise die Suche prinzipiell beeinträchtigen und daher unterdrückt werden müssen, um parallele Vergleiche zwischen Target- und Distraktor-Testkreisen zu ermöglichen, wurde in Experiment 5 untersucht, indem die Probanden durch die vorgezogene Präsentation der Kontextkreise in der Lage waren, diese zu inhibieren oder zu ‚markieren' (‚visual marking', z.B. Olivers, Watson & Humphreys, 1999; Watson & Humphreys, 1997; 2000), wodurch alle Einflüsse der Kontextkreise auf die Suche eliminiert werden (siehe auch Cooper & Weintraub, 1970; Jaeger, 1978; Jaeger & Pollack, 1977). Die Ergebnisse bestätigen diese Erwartungen. Die Vorteile der Bedingungen mit kleineren Kontextkreisen sowie die Kosten der Bedingungen mit größeren Kontextkreisen verschwanden, wenn die Kontextkreise früher präsentiert wurden.

Die Befunde bestätigen die Annahme, dass die Kontextkreise generell unterdrückt werden müssen, um eine effiziente Diskriminierung von Target- und Distraktor-Objekten zu ermöglichen. Die förderlichen Effekte bei Standardsuchbedingung, wie in den Experimenten 1 und 3 (simultane Präsentation von Test- und Kontextkreisen, gute Unterscheidbarkeit), deuten darauf hin, dass die Modulation der scheinbaren Größe schon früh nach Beginn der Präsentation der Displayelemente erfolgt, bevor die Inhibitionsmechanismen eintreten.

3.3 Variation von Attributen der Ebbinghaus-Konfigurationen

Im dritten Abschnitt sollen bestimmte Merkmale der Ebbinghaus-Konfigurationen, die potenziell einen Einfluss auf die (förderliche) Modulation der scheinbaren Größe von Target- und Distraktor-Testkreisen haben beziehungsweise die eine verstärkte Interferenz mit den Anforderungen der Suchaufgabe hervorrufen, systematisch manipuliert werden. Aus psychophysischen Studien ist bekannt, dass das Ausmaß der Ebbinghaus-Illusion, das heißt das Ausmaß der Fehlschätzung der Testkreise, mit steigender Anzahl der Kontextkreise (Massaro & Anderson, 1971; Oyama, 1960), mit geringer werdender Distanz zwischen Test- und Kontextkreisen (Girgus, Coren & Agdern, 1972; Massaro & Anderson, 1971; Oyama, 1960) und mit geringer werdendem Helligkeitskontrast zwischen Test- und Kontextkreisen (Jaeger & Grasso, 1993; Jaeger & Pollack, 1977) zunimmt. In visuellen Suchaufgaben würde man daher erwarten, dass die Targetentdeckung beschleunigt wird, wenn die Testkreise von einer größeren Anzahl von Kontextkreisen umgeben sind, wenn die Kontextkreise näher an den Testkreisen präsentiert werden oder wenn Test- und Kontextkreise gleiche Helligkeit (Luminanz) oder Farbe haben, da in diesen Bedingungen der Größenkontrast zwischen Target- und Distraktor-Testkreisen verstärkt wird. Andererseits ist zu erwarten, dass diese Attribute dazu führen, dass die Test- und Kontextkreise weniger gut differenzierbar werden, was zu steigender Interferenz der Kontextkreise mit der Leistung in der Suchaufgabe führt.

In den folgenden Experimenten wird untersucht, welcher dieser zwei Prozesse, Interferenz oder förderliche Modulation der scheinbaren Größe, dominiert. Dazu wird in Experiment 6 die Anzahl der Kontextkreise, in Experiment 7 die Distanz zwischen Test- und Kontextkreisen und in Experiment 8 der Helligkeitskontrast zwischen Test- und Kontextkreisen systematisch variiert. (Kurz zusammengefasst kann erwähnt werden, dass die Merkmale, die in psychophysischen Experimenten das Ausmaß der scheinbaren Größe steigern, die Leistung in der visuellen Suche erheblich stören.)

3.3.1 Experiment 6: Anzahl der Kontextkreise

Experiment 6 wurde durchgeführt, um den Einfluss der Anzahl der Kontextkreise, die die Testkreise umgeben, auf die Leistung bei der visuellen Suche nach einen großen Target-Testkreis unter kleineren Distraktor-Testkreisen zu untersuchen. Aus psychophysischen Studien ist bekannt, dass die Überschätzung eines von kleineren Kontextkreisen umgebenen Testkreises in Abhängigkeit von der Anzahl der Kontextkreise ansteigt, das heißt je mehr Kontextkreise vorhanden sind, desto größer ist die Überschätzung (Massaro & Anderson, 1971; Oyama, 1960). Analog steigt das Ausmaß der Unterschätzung der Größe eines Testkreises mit zunehmender Anzahl von Kontextkreisen, wenn der Testkreis von größeren Kontextkreisen umgeben ist; er wird also zunehmend kleiner beurteilt.

Im Paradigma der visuellen Suche sollten sich diese Fehlschätzungen in Form von beschleunigten oder verlangsamten Suchzeiten auswirken. Kleinere Kontextkreise lassen zwar sowohl den Target- als auch die Distraktor-Testkreise größer erscheinen, aber wegen der stärkeren Größendifferenz zwischen dem Target-Testkreis und den Kontextkreisen (relativ zur Differenz zwischen den Distraktor-Testkreisen und den Kontextkreisen) ist hierbei das Ausmaß der Ebbinghaus-Illusion größer, die scheinbare Größe des Target-Testkreises nimmt stärker zu als die der Distraktor-Testkreise, wodurch die Differenz der scheinbaren Größen verstärkt und die Targetentdeckung erleichtert wird.

Die Befunde von Oyama (1960) sowie Massaro und Anderson (1971) führen zu der Vorhersage, dass die Differenz der scheinbaren Größen von Target- und Distraktor-Testkreisen von der Anzahl der umgebenden Kontextkreise abhängt und dass eine größere Anzahl von Kontextkreisen zu verstärkter scheinbarer Größendifferenz führt. Daher sollten die Suchzeiten mit steigender Anzahl von Kontextkreisen um jeden Testkreis abnehmen. Dies sollte gleichermaßen für kleinere wie größere Kontextkreise gelten, da die kleineren Kontextkreise vor allem das Ausmaß der Überschätzung des Target-Testkreises erhöhen, während größere Kontextkreise vor allem das Ausmaß der Unterschätzung der Distraktor-Testkreise verstärken. Dadurch steigt in beiden Fällen die Differenz der scheinbaren Größen, was die Targetentdeckung jeweils (im Vergleich zu den Kontrollbedingungen) beschleunigen sollte. Andererseits muss beachtet werden, dass die zunehmende Anzahl der Kontextkreise zu einem größeren Ausmaß an Interferenz mit der Suchaufgabe führt, da die Suche nach den aufgabenrelevanten Testkreisen durch die steigende Anzahl von ‚Störreizen' schwieriger wird. Das heißt eine zunehmende Anzahl von Kontextkreisen kann die Interferenz erhöhen, die die förderlichen Effekte der Ebbinghaus-Illusion auf die Targetentdeckung überlagert.

3.3.1.1 Methode

Probanden. Vierzehn Studenten der Universität Leipzig (zwölf weiblich; im Alter zwischen 19 und 31 Jahren) nahmen als Probanden an einer experimentellen Sitzung teil.

Stimulusmaterial. Die Stimuli waren ähnlich denen aus Experiment 1 mit folgenden Ausnahmen: Da in den Experimenten 1 und 3 in der Standardbedingung keine Effekte der Displaygröße ermittelt wurden, wurden in den folgenden Experimenten in jedem Durchgang stets sieben Ebbinghaus-Konfigurationen präsentiert. Die Displays enthielten in den experimentellen Bedingungen entweder zwei, vier, sechs oder acht Kontextkreise, die stets in gleichem Abstand von den Testkreisen und voneinander positioniert waren. In den Kontrollbedingungen wurden keine Kontextkreise präsentiert. Ferner wurden aus ökonomischen Gründen wie in Experiment 5 nur die experimentellen Bedingungen Kontext1 und Kontext 4 realisiert.

Experimentelles Design und Versuchsablauf. Die unabhängigen Variablen waren Anzahl der Kontextkreise (2, 4, 6, 8), Kontextkreisgröße (0, 3, 16 mm) und Antwort (Target anwesend, abwesend). Die Anzahl der Kontextkreise wurde innerhalb jedes Blockes konstant gehalten, aber zwischen den Blöcken variiert. Die experimentelle Sitzung bestand aus zwölf Blöcken mit jeweils acht Übungs- und 50 Testdurchgängen und dauerte etwa 40 Minuten.

3.3.1.2 Ergebnisse

Analyse der RZ. Das Verfahren zum Ausschluss von Ausreißerwerten führte zum Verlust von etwa 2 % der Daten. In Abbildung 12 sind die gemittelten RZ als Funktion der Anzahl der Kontextkreise in jeder Ebbinghaus-Konfiguration dargestellt. Die individuellen RZ der Target-anwesend- und Target-abwesend-Durchgänge wurden in zwei separaten ANOVAs mit den Faktoren Anzahl der Kontextkreise (2, 4, 6, 8) und Kontextkreisgröße (0, 3, 16 mm) auf signifikante Effekte geprüft.

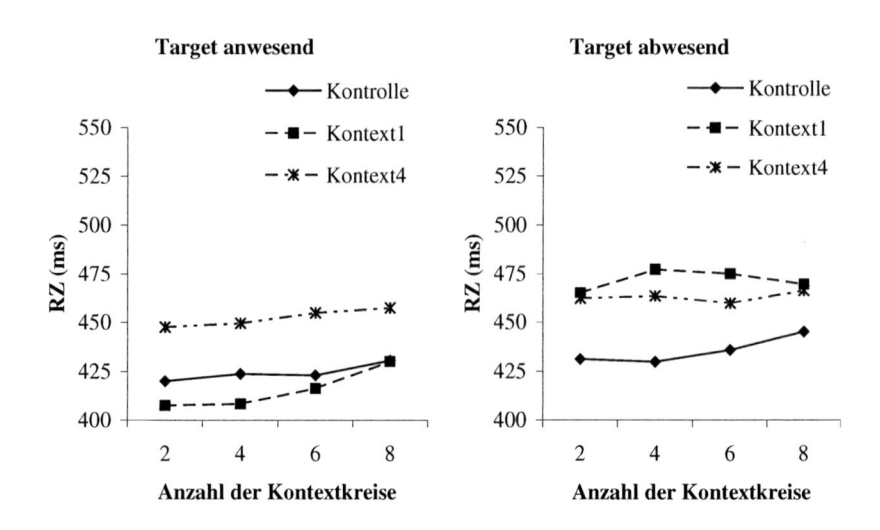

Abbildung 12. Mittlere Such-RZ (in Millisekunden) für Target-anwesend- und Target-abwesend-Durchgänge als Funktion der Anzahl der Kontextkreise in Experiment 6.

Die Analyse der Target-anwesend-Durchgänge ergab einen marginal signifikanten Haupteffekt für Anzahl der Kontextkreise (F(3,39) = 2.695, p = .097), das heißt die RZ nehmen tendenziell mit steigender Anzahl der Kontextkreise zu. Ferner wurde ein signifikanter Haupteffekt für Kontextkreisgröße ermittelt (F(2,26) = 52.971, p < .001), die RZ waren in den Bedingungen mit kleineren Kontextkreisen am schnellsten (416 ms gemittelt über alle Bedingungen), langsamer in den Kontrollbedingungen (424 ms) und am langsamsten in den Bedingungen mit größeren Kontextkreisen (452 ms). Die Interaktion zwischen beiden Faktoren war nicht signifikant (F(6,78) = .633, p = .703).

Der paarweise Vergleich der experimentellen mit den Kontrollbedingungen ergab, dass in zwei der vier Kontext1-Bedingungen die RZ schneller als in den Kontrollbedingungen waren (paarweise t-Tests: t(13) = 2.072, p < .030, 2 Kontextkreise; t(13) = 2.813, p < .007, 4 Kontextkreise). Wenn jedoch die Anzahl der Kontextkreise erhöht wurde, verschwand der Vorteil der Bedingungen mit kleineren Kontextkreisen gegenüber den Kontrollbedingungen (t(13) = .876, p = .198, 6 Kontextkreise; t(13) = .058, p = .477, 8 Kontextkreise).

Die RZ in Target-abwesend-Durchgängen waren unabhängig von der Anzahl der Kontextkreise (kein Haupteffekt Anzahl: F(3,39) = .634, p = .609;

keine Interaktion Anzahl x Kontextkreisgröße: $F(6,78) = .768$, $p = .615$), stiegen aber an, wenn Kontextkreise präsentiert wurden (Haupteffekt Kontextkreisgröße: $F(2,26) = 22.636$, $p < .001$).

<u>Analyse der Fehler.</u> Tabelle 10 zeigt eine Zusammenfassung der Fehlerdaten von Experiment 6. Die individuellen Fehleranzahlen wurden mittels einer ANOVA mit den Faktoren Anzahl der Kontextkreise, Kontextkreisgröße und Antwort untersucht. In diese Analyse wurde als einziger Effekt die Interaktion zwischen den Faktoren Antwort und Kontextkreisgröße signifikant ($F(2,26) = 5.620$, $p < .019$). Während es keine Unterschiede hinsichtlich der Anzahl falscher Alarme zwischen den experimentellen Bedingungen gab, variierte die Genauigkeit der Antworten in den Target-anwesend-Durchgängen dahingehend, dass die Anzahl der Auslasserfehler in Kontext1-Bedingungen am geringsten war (gemittelt über alle Bedingungen 1.43 %), in den Kontrollbedingungen leicht zunahm (2.86 %) und den Kontext4-Bedingungen am größten war (3.93 %). Die RZ-Unterschiede der experimentellen Bedingungen schlägt sich damit auch in der Analyse der Fehlerdaten dahingehend nieder, dass die Genauigkeit der Antworten in den Bedingungen mit kleineren Kontextkreisen höher war als in den Kontrollbedingungen und in den Bedingungen mit größeren Kontextkreisen geringer. Es gibt also keinen Hinweis für einen Geschwindigkeits-Genauigkeits-Ausgleich.

Tabelle 10. Auslasser- und falsche Alarm-Raten (in Prozent) in Abhängigkeit von der Anzahl der Kontextkreise, separat für die Kontextbedingungen (Kontrolle, Kontext1 und Kontext4) in Experiment 6.

	Auslasser				falsche Alarme			
Anzahl Kontextkreise	2	4	6	8	2	4	6	8
Kontrolle	3.22	3.93	1.08	3.22	0.72	0.36	2.15	2.15
Kontext1	0.00	1.79	1.43	2.50	1.43	2.15	2.50	2.50
Kontext4	3.58	3.93	3.58	4.65	1.79	1.08	1.79	2.15

3.3.1.3 Diskussion

Die Muster der Target-anwesend-RZ in den experimentellen und Kontrollbedingungen, das heißt die leichten RZ-Vorteile in den Bedingungen mit kleineren Kontextkreisen und die RZ-Zunahme in den Bedingungen mit größeren Kontextkreisen, spiegeln die Daten von Experiment 1 wider. Daraus kann geschlussfolgert werden, dass der Target-Testkreis effizient entdeckt werden kann. Die scheinbare Größe der Testkreise kann durch präattentive

Prozesse räumlich parallel kodiert werden, wodurch wenigstens in den Bedingungen mit kleineren Kontextkreisen die Differenz der retinalen Größe von Target- und Distraktor-Testkreisen verstärkt wird und für die Suche nach dem Target-Testkreis ausgenutzt werden kann.

Auf den psychophysischen Arbeiten von Oyama (1960) sowie Massaro und Anderson (1971) aufbauend wurde angenommen, dass die RZ zur Targetentdeckung dann abnehmen, wenn die Anzahl der Kontextkreise, die jeden Testkreis umgeben, ansteigt. Die RZ nahmen jedoch mit steigender Anzahl der Kontextkreise zu; diese Verlangsamung führte ferner dazu, dass die RZ-Vorteile in den Bedingungen mit kleineren Kontextkreisen relativ zu den Kontrollbedingungen ohne Kontextkreise abnahmen und sogar verschwanden. Dieses Verschwinden der förderlichen Effekte der Ebbinghaus-Illusion lässt die Schlussfolgerung zu, dass die Interferenz, die die Kontextkreise generell hervorrufen und die hinderlich auf die Leistung in der visuellen Suchaufgabe wirkt, die förderlichen Effekte überlagert. Da die Suchaufgabe einen Vergleich der Target- und Distaktor-Testkreise verlangt und die Kontextkreise handlungsirrelevant sind, ist anzunehmen, dass die Kontextkreise die Verarbeitung von den handlungsrelevanten Elementen ablenken. Diese störende Wirkung steigt möglicherweise mit zunehmender Anzahl der Kontextkreise an, wodurch die erleichternden Effekte, die durch die Modulation der scheinbaren Größe produziert werden, verschwinden. Zusätzlich steigt die Notwendigkeit, dass die Probanden die Kontextkreise aktiv unterdrücken müssen, um die Aufmerksamkeit auf die handlungsrelevanten Testkreise zu lenken, besonders in Bedingungen mit größeren Kontextkreisen, wo die erleichternden Effekte bereits stark dadurch überlagert sind, dass der Target-Testkreis einen ‚mittleren' Wert der Größe besitzt.

Bei den Target-abwesend-Durchgängen hat die pure Anwesenheit der Kontextkreise einen hinderlichen Einfluss. Dieser Befund lässt sich durch die Interferenzwirkung der Kontextkreise erklären. Es gibt keinen Größenunterschied zwischen den Testkreisen, den die Kontextkreise förderlich beeinflussen könnten.

Zusammenfassend ist festzuhalten, dass bei ansteigender Anzahl der Kontextkreise in einer Ebbinghaus-Konfiguration zwar das Ausmaß der Illusion ansteigt, dass aber gleichzeitig auch die durch die Kontextkreise hervorgerufene Interferenz in der visuellen Suchaufgabe ansteigt, wodurch alle förderlichen Effekte der Illusion reduziert oder sogar gelöscht werden.

3.3.2 Experiment 7: Distanz zwischen Test- und Kontextkreisen

Ziel von Experiment 7 war es, den Einfluss der Distanz zwischen Test- und Kontextkreisen auf die Suchleistung zu untersuchen. Psychophysische Studien (Girgus, Coren & Agdern, 1972; Massaro & Anderson, 1971; Oyama, 1960) hatten gezeigt, dass das Ausmaß des Fehlschätzungseffektes der Ebbinghaus-Illusion ansteigt, wenn die Distanz zwischen Test- und Kontextkreisen verringert wird. Das heißt dass beispielsweise in Konfigurationen mit kleineren Kontextkreisen die Testkreise – und vor allem der Target-Testkreis – noch größer erscheinen, wenn die Kontextkreise näher an den Testkreisen positioniert werden, oder dass entsprechend in Konfigurationen mit größeren Kontextkreisen die Testkreise – vor allem die Distraktor-Testkreise – noch kleiner erscheinen, wenn die Distanz zwischen Test- und Kontextkreisen verringert wird. Wenn sich dieser psychophysische Effekt auf das visuelle Suchparadigma übertragen lässt, ist zu erwarten, dass die Targetentdeckungsleistung verbessert wird, wenn die Distanz zwischen Test- und Kontextkreisen reduziert wird. Andererseits ist auch in Experiment 7 zu erwarten, dass die Interferenz, die die Kontextkreise erzeugen, bei abnehmender Distanz zwischen Test- und Kontextkreisen ansteigt. Dieses erhöhte Ausmaß an Interferenz könnte die förderlichen Effekte der Ebbinghaus-Illusion überdecken.

3.3.2.1 Methode

<u>Probanden.</u> Achtundzwanzig Studenten der Universität Leipzig (24 weiblich; im Alter zwischen 19 und 31 Jahren) nahmen als Probanden an Experiment 7 teil.

<u>Stimulusmaterial.</u> Das Stimulusmaterial war ähnlich dem aus Experiment 1, es wurden aber folgende Änderungen eingeführt: Wie in Experiment 6 wurden in jedem Durchgang sieben Ebbinghaus-Konfigurationen präsentiert. Wie in Experiment 6 wurden in den experimentellen Bedingungen nur 3 und 16 mm große Kontextkreise verwendet. Die Distanz zwischen den Mittelpunkten von Test- und Kontextkreisen war entweder klein, mittel oder groß; genauer gesagt 8, 16 oder 24 mm für die Bedingung Kontext1 und 20, 24 oder 28 mm für die Bedingung Kontext4. (Die Distanzen waren generell größer für die Bedingungen mit 16 mm großen Kontextkreisen, variierten aber nicht so stark, um ein Überlappen der Kontextkreise sowohl innerhalb einer Konfiguration als auch zwischen den Konfigurationen zu verhindern.)

<u>Experimentelles Design und Versuchsablauf.</u> Die unabhängigen Variablen in Experiment 7 waren Distanz zwischen Test- und Kontextkreisen (klein,

mittel, groß), Kontextkreisgröße (0, 3, 16 mm) und Antwort (Target anwesend, abwesend). Die Distanz zwischen Test- und Kontextkreisen war innerhalb eines Blockes konstant, wurde aber zwischen den Blöcken zufällig variiert. Die experimentelle Sitzung bestand aus neun Blöcken, jeder Block bestand aus sechs Übungs- und 50 Testdurchgängen und dauerte etwa 25 Minuten.

3.3.2.2 Ergebnisse

Analyse der RZ. Durch das Ausschließen von Ausreißerwerten von der weiteren Analyse gingen etwa 3 % der Daten verloren. In Abbildung 13 sind die gemittelten RZ in Abhängigkeit von der Distanz zwischen Test- und Kontextkreisen für die experimentellen und Kontrollbedingungen dargestellt. Die individuell gemittelten RZ der Target-anwesend- und Target-abwesend-Durchgänge wurden in zwei getrennten ANOVAs mit den Faktoren Distanz (klein, mittel, groß) und Kontextkreisgröße (0, 3, 16 mm) geprüft.

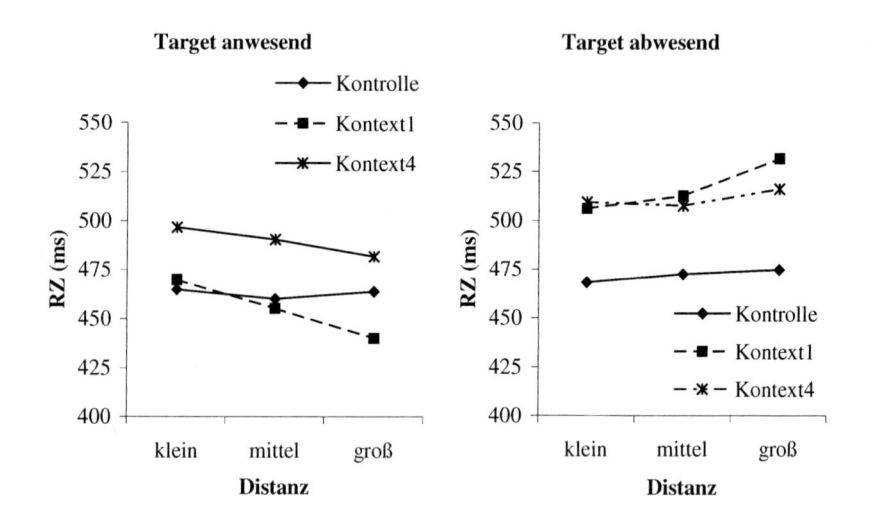

Abbildung 13. Mittlere Such-RZ (in Millisekunden) für Target-anwesend- und Target-abwesend-Durchgänge als Funktion der Distanz zwischen Test- und Kontextkreisen in Experiment 7.

Die Analyse der Target-anwesend-Durchgänge erwies alle Effekte als signifikant (Haupteffekt Distanz: $F(2,54) = 8.470$, $p < .001$; Haupteffekt

Kontextkreisgröße: $F(2,54) = 12.286$, $p < .001$; Interaktion zwischen beiden Faktoren: $F(4,108) = 5.902$, $p < .002$). Die RZ stiegen an, wenn die Distanz zwischen Test- und Kontextkreisen verringert wurde (462 ms für große Distanz, 469 ms für mittlere Distanz, 477 ms für kleine Distanz). Die RZ waren in den Kontext1-Bedingungen geringer (455 ms gemittelt über alle Bedingungen) als in den Kontrollbedingungen (463 ms) und stiegen in den Kontext4-Bedingungen an (490 ms). Der Vorteil der Bedingungen mit kleineren Kontextkreisen nahm mit steigender Distanz zwischen Test- und Kontextkreisen zu: Während bei einer geringen Distanz die Präsentation von 3 mm großen Kontextkreise noch (nicht-signifikante) Kosten gegenüber der Kontrollbedingung verursachte (t-Test: $t(27) = -.813$, $p = .211$), führt die Präsentation von kleinen Kontextkreisen schon bei mittlerer Distanz zu (ebenfalls nicht-signifikanten) Gewinnen ($t(27) = 1.022$, $p = .158$) und bei großer Distanz zu signifikanten Gewinnen gegenüber der Kontrollbedingung ($t(27) = 4.322$, $p < .001$).

Für die Target-abwesend-Durchgänge wurden signifikante Haupteffekte für Distanz ($F(2,54) = 5.839$, $p < .008$) sowie Kontextkreisgröße ($F(2,54) = 34.442$, $p < .001$) ermittelt. Die RZ stiegen mit zunehmender Distanz zwischen Test- und Kontextkreisen an (495, 497 und 507 ms für kleine, mittlere und große Distanz) und waren in den Experimentalbedingungen (517 und 511 ms für Bedingungen mit kleineren bzw. größeren Kontextkreisen) größer als in den Kontrollbedingungen (472 ms).

<u>Analyse der Fehler.</u> In Tabelle 11 sind die mittleren Fehlerraten aller Bedingungen von Experiment 7 dargestellt. Über die individuellen Fehlerdaten wurde eine ANOVA mit den Faktoren Distanz, Kontextkreisgröße und Antwort gerechnet. Es wurden mehr Auslasserfehler als falsche Alarme gemacht (Haupteffekt Antwort: $F(1,27) = 8.690$, $p < .007$), die Anzahl der Fehler stieg mit zunehmender Distanz zwischen Test- und Kontextkreisen an (Haupteffekt Distanz: $F(2,54) = 3.965$, $p < .031$). Während die Anzahl der Auslasserfehler in der Kontext1-Bedingung gering war, wurden in dieser Bedingung mehr falschen Alarme produziert als in den anderen Bedingungen (Interaktion Antwort x Kontextkreisgröße: $F(2,54) = 9.280$, $p < .001$), vor allem in den Bedingungen, in denen die Kontextkreise weiter entfernt von den Testkreisen waren (Interaktion Distanz x Antwort x Kontextkreisgröße: $F(4,108) = 3.942$, $p < .013$). Die Analyse der Fehlerdaten lässt die Möglichkeit offen, dass der Distanz-Effekt in den Target-anwesend-Durchgängen mit kleineren Kontextkreisen (d.h. der RZ-Vorteil relativ zur Kontrollbedingung) auf einen Geschwindigkeits-Genauigkeits-Ausgleich zurückzuführen ist. Da jedoch die Reaktionen bei falschen Alarmen eher langsamer erfolgten, kann ein Geschwindigkeits-Genauigkeits-Ausgleich ausgeschlossen werden. Anhand der Fehlerdaten lassen sich die Unterschiede zwischen den Experimental- und den Kontrollbedingungen nicht erklären.

Tabelle 11. Auslasser- und falsche Alarm-Raten (in Prozent) in Abhängigkeit von der Distanz zwischen Test- und Kontextkreisen, separat für die Kontextbedingungen (Kontrolle, Kontext1 und Kontext4) in Experiment 7.

Distanz	Auslasser			falsche Alarme		
	klein	mittel	groß	klein	mittel	groß
Kontrolle	4.86	3.29	4.29	1.15	1.43	1.15
Kontext1	2.29	1.72	1.15	0.86	2.43	4.86
Kontext4	2.15	2.86	2.86	1.58	1.00	2.00

3.3.2.3 Diskussion

Die Ergebnisse von Experiment 7 bestätigen die Resultate aus Experiment 1, dass die RZ in Bedingungen mit kleineren Kontextkreisen im Vergleich zu Kontrollbedingungen beschleunigt sein können, während größere Kontextkreise die Suche nach einem großen Target verlangsamen können.

Jedoch steht der Distanz-Effekt von Experiment 7 im Gegensatz zu den Erwartungen, die aus psychophysischen Studien abgeleitet worden waren (Girgus, Coren & Agdern, 1972; Massaro & Anderson, 1971; Oyama, 1960): Der Vorteil der Bedingung mit kleineren Kontextkreisen relativ zur Kontrollbedingung nahm ab, wenn die Distanz zwischen Test- und Kontextkreisen verringert wurde (so wie die RZ überhaupt länger waren, wenn die Kontextkreise näher an den Testkreisen positioniert waren). Psychophysische Experimente hatten gezeigt, dass das Ausmaß der Fehlschätzung der Testkreise mit abnehmender Distanz ansteigt, woraus abgeleitet worden war, dass bei geringerer Distanz verstärkt sucherleichternde Effekte, das heißt schnellere Reaktionen im Vergleich zur Kontrollbedingung, zu erwarten wären. Dieser Unterschied zu den psychophysischen Vorhersagen kann erklärt werden, wenn man beachtet, dass die Kontextkreise eigentlich aufgabenirrelevant sind und dadurch zu Interferenz mit den Vergleichsprozessen von Target- und Distraktor-Testkreisen führen. Diese Interferenz wird größer, wenn die Kontextkreise näher an den Testkreisen platziert werden, wodurch sie weniger gut inhibierbar sind. Daraus folgt, dass bei geringerer Distanz die Erleichterung durch die (kleineren) Kontextkreise durch die Interferenz aufgrund ihrer Nähe aufgewogen wird und dadurch verschwindet.

Ähnlich wie in den Experimenten 1 und 6 wurde auch hier gezeigt, dass in den Target-abwesend-Durchgängen die Anwesenheit von Kontextkreisen allgemein einen verlangsamenden Einfluss hat. Dieser Befund steht ebenfalls im Einklang mit der Interferenz-Erklärung.

3.3.3 Experiment 8: Helligkeitskontrast zwischen Test- und Kontextkreisen

In Experiment 8 wurde untersucht, welchen Einfluss der Helligkeitskontrast zwischen Test- und Kontextkreisen auf die Leistung in der visuellen Suchaufgabe hat. Von psychophysischen Untersuchungen (Jaeger & Grasso, 1993; Jaeger & Pollack, 1977) ist bekannt, dass das Ausmaß der Fehlschätzung eines Testkreises größer ist, wenn der Helligkeitskontrast zwischen Test- und Kontextkreisen gering ist, das heißt ein Testkreis erscheint größer oder kleiner wenn Test- und kleinere beziehungsweise größere Kontextkreise die gleiche Luminanzen haben. Auf das visuelle Suchparadigma übertragen würde dies bedeuten, dass die Suchzeiten abnehmen sollten, wenn der Helligkeitskontrast gering ist, da dann die Überschätzung des Target-Testkreises (in Durchgängen mit kleineren Kontextkreisen) oder die Unterschätzung der Distraktor-Testkreise (in Durchgängen mit größeren Kontextkreisen) größer ist, wodurch die Differenz der scheinbaren Größen von Target- und Distraktor-Testkreisen verstärkt und dadurch die Targetentdeckung beschleunigt wird. Jedoch ist auch in diesem Experiment das zunehmende Ausmaß an Interferenz zu berücksichtigen, das die Kontextkreise bei verringertem Helligkeitskontrast zwischen Test- und Kontextkreisen verursachen. Durch eine zunehmende Ähnlichkeit von Test- und Kontextkreisen (ähnlichere Helligkeit) könnte die ‚Distraktor-Wirkung' der Kontextkreise verstärkt werden, wodurch die Suchleistung negativ beeinflusst werden könnte (siehe auch Duncan & Humphreys, 1989).

3.3.3.1 Methode

Probanden. Zwölf Studenten der Universität Leipzig (alle weiblich, im Alter zwischen 19 und 26 Jahren) nahmen als Probanden an Experiment 8 teil.

Stimulusmaterial. Die Stimuli waren ähnlich denen aus Experiment 1, außer dass der Helligkeitskontrast zwischen Test- und Kontextkreisen variiert wurde. Der Helligkeitskontrast war entweder niedrig, mittel oder hoch, das heißt während die Testkreise immer schwarz waren, waren die Kontextkreise entweder schwarz (2.24 cd/m^2), grau (6.20 cd/m^2) oder weiß (12.20 cd/m^2). Wie in den Experimenten 6 und 7 wurden nur 3 und 16 mm große Kontextkreise verwendet. In jedem Durchgang wurden sieben Ebbinghaus-Konfigurationen präsentiert.

Experimentelles Design und Versuchsablauf. Die unabhängigen Variablen in Experiment 8 waren Helligkeitskontrast zwischen Test- und Kontextkreisen (niedrig, mittel, hoch), Kontextkreisgröße (0, 3, 16 mm) und Antwort (Target anwesend, abwesend). Der Helligkeitskontrast zwischen Test- und Kontextkreisen war konstant innerhalb eines Blockes, wurde aber zwischen den Blöcken variiert. Die experimentelle Sitzung bestand aus neun Blöcken (jeder Block bestand aus sechs Übungs- und 50 Testdurchgängen) und dauerte 30 Minuten.

3.3.3.2 Ergebnisse

Analyse der RZ. Durch das Ausschließen von Ausreißerwerten von der weiteren Analyse gingen weniger als 3 % der Daten verloren. In Abbildung 14 sind die gemittelten RZ als Funktion des Helligkeitskontrastes zwischen Test- und Kontextkreisen für die experimentellen und Kontrollbedingungen dargestellt. Die individuell gemittelten RZ der Target-anwesend- und Target-abwesend-Durchgänge wurden in zwei getrennten ANOVAs mit den Faktoren Helligkeitskontrast (niedrig, mittel, hoch) und Kontextkreisgröße (0, 3, 16 mm) auf signifikante Effekte geprüft.

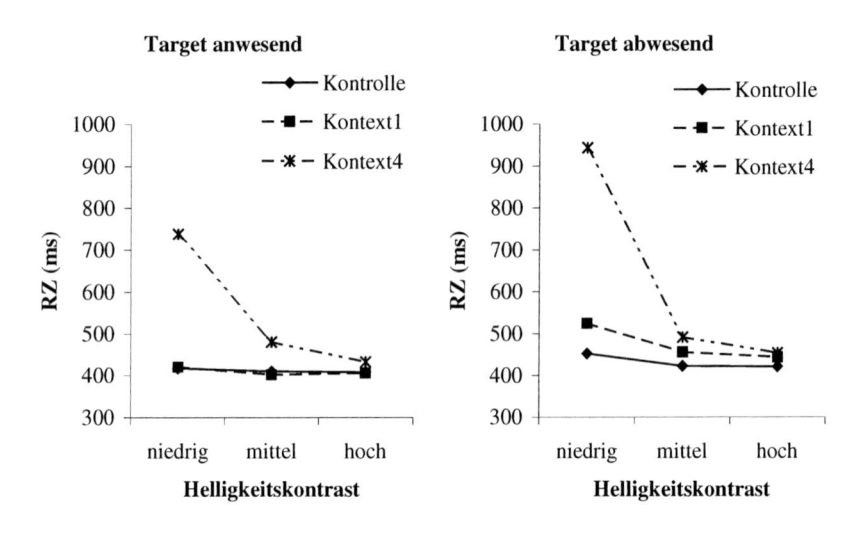

Abbildung 14. Mittlere Such-RZ (in Millisekunden) für Target-anwesend- und Target-abwesend-Durchgänge als Funktion des Helligkeitskontrastes zwischen Test- und Kontextkreisen in Experiment 8.

Die Analyse der Target-anwesend-Durchgänge ergab, dass beide Haupteffekte (Helligkeitskontrast: $F(2,22) = 21.267$, $p < .001$; Kontextkreisgröße: $F(2,22) = 66.967$, $p < .001$) sowie die Interaktion zwischen beiden Faktoren ($F(4,44) = 21.569$, $p < .001$) signifikant waren. Die RZ waren generell in der Kontext1-Bedingung am schnellsten (410 ms), geringfügig langsamer in den Kontrollbedingungen (413 ms) und stiegen in der Kontext4-Bedingung stark an (551 ms). Weiterhin stiegen die RZ mit abnehmendem Helligkeitskontrast zwischen Test- und Kontextkreisen an (416, 431 und 525 ms für hohen, mittleren bzw. niedrigen Helligkeitskontrast). Dieser Anstieg ist auf große Unterschiede zwischen den Helligkeitskontrast-Bedingungen für 16 mm große Kontextkreise zurückzuführen. Daraus resultiert, dass die RZ-Differenz zwischen den Bedingungen mit kleineren und größeren Kontextkreisen dann am ausgeprägtesten war, wenn der Helligkeitskontrast zwischen Test- und Kontextkreisen niedrig war, das heißt wenn sowohl Test- als auch Kontextkreise schwarz waren.

Ein Vergleich der Bedingungen mit kleineren Kontextkreisen mit den Kontrollbedingungen erbrachte keine Hinweise für signifikante Unterschiede (paarweise t-Tests: $t(11) = -.732$, 1.438, $.349$, alle $p > .05$, für niedrigen, mittleren und hohen Helligkeitskontrast), obwohl in den Bedingungen mit mittlerem und hohen Helligkeitskontrast wenigstens ein numerischer Vorteil der Kontext1-Bedingungen gegenüber den Kontrollbedingungen zu verzeichnen ist (9 bzw. 3 ms).

Die ANOVA der Target-abwesend-Durchgänge zeigte, dass beide Faktoren (Helligkeitskontrast: $F(2,22) = 17.863$, $p < .001$; Kontextkreisgröße: $F(2,22) = 19.111$, $p < .001$) sowie die Interaktion zwischen Helligkeitskontrast und Kontextkreisgröße ($F(4,44) = 12.573$, $p < .002$) zu signifikanten Effekten führten. Die Reaktionen erfolgten schneller, wenn der Helligkeitskontrast zwischen Test- und Kontextkreisen anstieg (640, 456 und 439 ms für niedrigen, mittleren und hohen Helligkeitskontrast). Weiterhin stiegen die RZ mit zunehmender Größe der Kontextkreise an (432, 474 und 629 ms für Kontroll-, Kontext1- bzw. Kontext4-Bedingung), wobei dieser Anstieg bei niedrigem Helligkeitskontrast, das heißt wenn sowohl die Test- als auch die Kontextkreise schwarz waren, am stärksten war.

<u>Analyse der Fehler.</u> Tabelle 12 zeigt die mittleren Fehlerraten aller Bedingungen von Experiment 8. Über die individuellen Fehlerdaten wurde eine ANOVA mit den Faktoren Helligkeitskontrast, Kontextkreisgröße und Antwort gerechnet. Alle Haupteffekte und Interaktionen waren signifikant. Es wurden mehr Auslasserfehler als falsche Alarm-Fehler gemacht (Haupteffekt Antwort: $F(1,11) = 8.866$, $p < .013$), es wurden mehr Fehler gemacht, wenn Test- und Kontextkreise schwarz waren (Haupteffekt Helligkeitskontrast: $F(2,22) = 6.780$,

p < .014) und wenn größere Kontextkreise präsentiert wurden (Haupteffekt Kontextkreisgröße: $F(2,22) = 23.254$, $p < .001$). Die Differenz zwischen den Fehlerraten von Bedingungen mit kleineren und größeren Kontextkreisen stieg mit geringer werdendem Helligkeitskontrast an (Interaktion Helligkeitskontrast x Kontextkreisgröße: $F(4,44) = 10.800$, $p < .003$), dieser Effekt war hauptsächlich auf die steigende Rate von Auslasserfehlern zurückzuführen (Interaktion Helligkeitskontrast x Antwort: $F(2,22) = 4.099$, $p < .050$; Interaktion Kontextkreisgröße x Antwort: $F(2,22) = 17.723$, $p < .001$; Interaktion Helligkeitskontrast x Kontextkreisgröße x Antwort: $F(4,44) = 6.043$, $p < .015$).

Tabelle 12. Auslasser- und falsche Alarm-Raten (in Prozent) in Abhängigkeit vom Helligkeitskontrast zwischen Test- und Kontextkreisen, separat für die Kontextbedingungen (Kontrolle, Kontext1 und Kontext4) in Experiment 8.

Helligkeitskontrast	Auslasser			falsche Alarme		
	niedrig	mittel	hoch	niedrig	mittel	hoch
Kontrolle	2.67	3.67	7.00	1.00	2.33	1.33
Kontext1	1.33	2.00	3.00	1.00	1.00	3.00
Kontext4	19.00	7.00	3.67	3.67	1.67	3.33

3.3.3.3 Diskussion

Die Ergebnisse von Experiment 8 zeigen ein ähnliches Muster wie die der Experimente 6 und 7. Der Helligkeitskontrast zwischen Test- und Kontextkreisen hatte starken Einfluss auf die Suchzeiten. Die RZ in den Target-anwesend- und Target-abwesend-Durchgängen stiegen stark an, wenn der Helligkeitskontrast gering war, das heißt wenn sowohl Test- als auch Kontextkreise schwarz waren. Dieser Befund steht den Vorhersagen, die aus psychophysischen Studien abgeleitet wurden, entgegen (Jaeger & Grasso, 1993; Jaeger & Pollack, 1977), die berichtet hatten, dass das Ausmaß der Fehlschätzung der Größe des Testkreises ansteigt, wenn Test- und Kontextkreise gleiche Luminanz haben (dies entspricht der Leistung in den Durchgängen mit geringem Helligkeitskontrast). Im vorliegenden Suchexperiment wirkte die Verringerung des Helligkeitskontrastes jedoch entgegen der Suchleistung, indem es in der Bedingung mit größeren Kontextkreisen einen starken Anstieg in den Targetentdeckungs-RZ gab und keinen Hinweis auf beschleunigte RZ in den Durchgängen, in denen die Testkreise von kleineren Kontextkreisen umgeben waren.

Eine mögliche Erklärung dafür ist, dass bei geringem Helligkeitskontrast die Interferenz, die generell durch die Kontextkreise hervorgerufen wird, durch ihre steigende Ähnlichkeit mit den Testkreisen (gleiche Luminanz) noch stärker zunimmt, wodurch es schwieriger wird, die Suche auf die Target- und Distraktor-Testkreise zu lenken. (Die Suche nach einem Target, das durch einen ‚mittleren' Wert zwischen denen der Distraktoren definiert ist, ist schwieriger als die Suche nach einem Target, das durch einen größeren Wert relativ zu den Distraktoren gekennzeichnet ist, Treisman & Gelade, 1980; Treisman & Gormican, 1988; Wolfe, 1998). In den Bedingungen, in denen die Testkreise von größeren Kontextkreisen umgeben sind, nimmt der Target-Testkreis (10 mm) einen Wert zwischen der Größe der Distraktor-Testkreise (6 mm) und der Größe der Kontextkreise (16 mm) ein (während bei 3 mm großen Kontextkreisen der Target-Testkreis größer ist als die Distraktor-Testkreise und die Kontextkreise). Daher führt in den Bedingungen mit größeren Kontextkreisen die erhöhte Ähnlichkeit von Test- und Kontextkreisen (niedriger Helligkeitskontrast) zu einer erhöhten Schwierigkeit, das Target zu entdecken (738 ms im Vergleich zu 418 ms in der Kontrollbedingung). Im Gegensatz dazu kann bei niedrigem Helligkeitskontrast in Durchgängen mit kleineren Kontextkreisen die Suche nach dem größeren Target-Testkreis weiterhin relativ effizient erfolgen (421 ms im Vergleich zu 418 ms in der Kontrollbedingung), weil dieser weiterhin den größten Wert einnimmt.

Wenn die Test- und Kontextkreise jedoch gut differenzierbar sind (d.h. bei hohem Helligkeitskontrast), ist es möglich, die Interferenz, die durch die Kontextkreise hervorgerufen wird, zu begrenzen, möglicherweise deswegen, weil die Probanden in der Lage sind, die Suche auf die durch seine Helligkeit (oder Farbe) definierte Untermenge der Elemente im Display zu beschränken (Egeth et al., 1984; Kaptein et al., 1995).

Im Gegensatz zu den vorherigen Experimenten konnte in Experiment 8 keine signifikante Beschleunigung der Suchzeiten in den Bedingungen mit kleineren Kontextkreisen relativ zu den Kontrollbedingungen nachgewiesen werden. Jedoch lassen sich numerische Vorteile bestätigen, wenn Test- und Kontextkreise aufgrund ihrer Helligkeit gut zu differenzieren waren; dies weist darauf hin, dass auch in diesem Experiment Tendenzen für die förderliche Wirkung der Kontextkreise existieren.

3.3.4. Diskussion Experimente 6 bis 8

Zusammengefasst wurde in den Experimenten 6 bis 8 gezeigt, dass die Suchleistung in den experimentellen Bedingungen relativ zu den

Kontrollbedingungen abnimmt, wenn die Testkreise schlechter von der Kontextkreisen zu diskriminieren sind (d.h. bei steigender Anzahl der Kontextkreise, bei geringerer Distanz und bei niedrigem Helligkeitskontrast zwischen Test- und Kontextkreisen). Diese Befunde deuten an, dass die Kontextkreise mit den (parallelen) Vergleichsprozessen zwischen den (Target- und Distraktor-) Testkreisen zunehmend interferieren, wenn es schwieriger wird, die Kontextkreise von den Testkreisen zu isolieren. Auf der Basis von psychophysischen Erkenntnissen ist anzunehmen, dass alle Attribute der Kontextkreise, die die Segregation erschweren, gleichzeitig die Modulation der scheinbaren Größe der Testkreise erhöhen, wodurch eine erleichterte Targetentdeckung zu erwarten ist. Jedoch scheint es, dass diese förderlichen Effekte von der angestiegenen Interferenz durch die Kontextkreise überlagert sind.

Um eine erfolgreiche Suche gewährleisten zu können, müssen daher die Kontextkreise unterdrückt werden, beispielsweise durch bottom-up getriebene, merkmalsbasierte Inhibition (Egeth et al., 1984; Kaptein et al., 1995) oder durch top-down gesteuertes, ortsbasiertes visuelles Markieren (Olivers et al., 1999; Watson & Humphreys, 1997; 2000) oder eine Kombination aus beiden Mechanismen. Die Unterdrückung der Kontextkreise ist vor allem in den Bedingungen mit größeren Kontextkreisen nötig, besonders wenn Test- und Kontextkreise schwer voneinander zu diskriminieren sind. In diesen Situationen rufen die Kontextkreise die größte Interferenz hervor. In Bedingungen mit kleineren Kontextkreisen wird nur ein geringes Maß (oder sogar gar keine) Interferenz erzeugt, so dass die Unterdrückung der Kontextkreise nicht nötig ist; ansonsten würde die Leistung eher beeinträchtigt werden, da durch die Inhibition der Kontextkreise die förderlichen Effekte durch die differenzielle Modulation der scheinbaren Größe der Target- und Distraktor-Testkreise eliminiert werden würden. Tatsächlich bleiben in den Bedingungen mit kleineren Kontextkreisen keinerlei förderliche oder hinderliche Effekte erhalten, wenn die Diskriminierung zwischen Test- und Kontextkreisen – durch die Manipulation der Attribute der Kontextkreise – behindert ist. Diese erschwerte Diskriminierbarkeit würde die Interferenz durch die Kontextkreise – relativ zu den Bedingungen, in denen die Diskriminierung leicht möglich ist – erhöhen, aber trotzdem auch zu einer Erleichterung durch die Modulation der scheinbaren Größe führen, wodurch die Interferenz wieder ausgeglichen werden kann. Es ist also notwendig, dass die förderlichen Effekte der Kontextkreise nicht (vollständig) durch deren Unterdrückung eliminiert werden.

Ob und zu welchem Ausmaß es möglich ist, die Unterdrückung der Kontextkreise zu nutzen, könnte unter strategischer Kontrolle der Probanden stehen. Die Unterdrückung sollte entsprechend nur in den Bedingungen realisiert werden, wenn die Testkreise von größeren Kontextkreisen umgeben sind, in den

Situationen, wenn die Interferenz der Kontextkreise deren förderliche Effekte durch die Modulation der scheinbaren Größe überwiegt.[10]

3.4 Integration von Psychophysik und visueller Suche

Im vierten Abschnitt soll untersucht werden, ob die große Interferenz, die durch Ebbinghaus-Konfigurationen mit vielen nah an den Testkreisen platzierten Kontextkreisen, die sich in ihrer Helligkeit nur gering von den Testkreisen unterscheiden, überwunden werden kann, wenn die Kontextkreise eher als die Testkreise präsentiert werden (Cooper & Weintraub, 1970; Jaeger, 1978; Jaeger & Pollack, 1977; siehe auch Experiment 5). Wenn dies der Fall ist, sollte die Entdeckungsleistung mehr von der zeitlich versetzten Präsentation der Kontext- und Testkreise (sukzessive Präsentation) profitieren (d.h. es sollten v.a. weniger Kosten in den Bedingungen mit größeren Kontextkreisen auftreten, aber auch weniger Vorteile der Bedingungen mit kleineren Kontextkreisen), wenn in den entsprechenden experimentellen Bedingungen die Konfigurationen bei simultaner Präsentation nachteilig arrangiert sind, das heißt die Diskriminierbarkeit von Test- und Kontextkreisen schwierig ist (‚ungünstige Konfiguration'), relativ zu Bedingungen, in denen die Diskriminierung leicht möglich ist (‚optimale Konfiguration'), wobei die förderlichen Effekte der Modulation der scheinbaren Größe der Testkreise erhalten bleiben sollten.

3.4.1 Experiment 9: Leichte versus schwierige Diskriminierbarkeit bei simultaner und sukzessiver Präsentation

In Experiment 9 sollten diese Vorhersagen getestet werden, indem der Einfluss der sukzessiven Präsentation der Kontext- und Testkreise in zwei Diskriminierbarkeitsbedingungen untersucht wurde: In einer Bedingung waren die Kontextkreise leicht von den Testkreisen zu diskriminieren (zwei Kontextkreise, große Distanz, hoher Helligkeitskontrast), in der anderen war die Unterscheidbarkeit schwierig (sechs Kontextkreise, geringe Distanz, mittlerer Helligkeitskontrast). Dazu wurde die sukzessive Präsentationsform aus

---

[10] Wenn die Unterdrückung der Kontextkreise unter strategischer Kontrolle steht, sollte es entscheidend sein, ob die Bedingungen mit kleineren (also förderlichen) und größeren (also hinderlichen) Kontextkreisen in separaten oder in randomisierten experimentellen Blöcken präsentiert werden. Im zweiten Fall wüssten die Probanden nicht im Vorfeld, ob die Kontextkreise im nächsten Durchgang förderlich oder hinderlich sind, so dass sie eventuell darauf zurückgreifen, die Kontextkreise generell zu inhibieren. Diese Strategie wäre wohl die vernünftigste, besonders wenn die beeinträchtigenden Effekte, die durch die Kontextkreise hervorgerufen werden, die förderlichen Effekte überwiegend überlagern.

Experiment 5 übernommen, wo gezeigt werden konnte, dass durch die vorgezogene Präsentation der Kontextkreise deren Interferenz, das heißt die RZ-Kosten relativ zur Kontrollbedingung, eliminiert werden konnte.

Es wird erwartet, dass bei simultaner Präsentation von Test- und kleineren Kontextkreisen die RZ-Vorteile relativ zur Kontrollbedingung erhalten bleiben, wenn Test- und Kontextkreise leicht zu differenzieren sind (wenn also die Interferenz, die durch die Kontextkreise verursacht wird, minimal ist); wenn die Diskriminierbarkeit erschwert ist (also wenn die Interferenz groß ist), wird analog zu den Ergebnissen der Experimente 6 bis 8 kein RZ-Vorteil erwartet. Eine Erklärung für diese Hypothese ist, dass in der ersten Bedingung das Ausmaß der förderlichen Effekte der kleineren Kontextkreise über das Ausmaß der Interferenz dominiert. Dies trifft für die zweite Bedingung nicht zu; wenn die Kontextkreise schwer zu diskriminieren sind, steigt die dadurch verursachte Interferenz an, und die Probanden würden es vorziehen, die Kontextkreise zu unterdrücken, wodurch alle (förderlichen) Effekte eliminiert werden. Weiterhin wird erwartet, dass die Präsentation von größeren Kontextkreisen Kosten relativ zur Kontrollbedingung verursacht, die verstärkt ansteigen, wenn die Unterscheidbarkeit von Test- und Kontextkreisen schwierig ist. In beiden Konfigurationsbedingungen wäre somit die Unterdrückung der Kontextkreise die sinnvollere Strategie. Dieses Ergebnismuster würde die Resultate der Experimente 6 bis 8 replizieren. (Andererseits könnte man erwarten, dass die Probanden bei simultaner Präsentation die Kontextkreise generell unterdrücken, unabhängig davon ob diese kleiner oder größer als die Testkreise sind, da vor einem Durchgang nicht vorhergesagt werden kann, ob die Kontextkreise die Targetentdeckung eher förderlich [kleinere] oder eher hinderlich [größere Kontextkreise] beeinflussen; siehe auch Fußnote 11).

Im Gegensatz dazu wird bei sukzessiver Präsentation, wenn also die Kontextkreise früher als die Testkreise präsentiert werden, erwartet, dass die Kosten, die durch größere Kontextkreise entstehen, relativ zur simultanen Bedingung reduziert werden, unabhängig davon ob die Diskriminierbarkeit leicht oder schwierig ist, da bei sukzessiver Präsentation die Kontextkreise unterdrückt werden können. Wenn trotz der ermöglichten Inhibition Kosten verbleiben, sollten diese bei leichter Diskriminierbarkeit geringer sein als bei schwieriger. Entsprechend den Ergebnissen von Experiment 5 sollten für die Bedingungen mit kleineren Kontextkreisen auch keine Vorteile erhalten bleiben, wenn diese inhibiert werden. Andererseits müssten die Probanden kleinere Kontextkreise nicht zwingend unterdrücken, da diese förderlich wirken können. Wenn dies zutrifft, sollte die Targetentdeckung von der sukzessiven Präsentation profitieren, auch wenn die kleineren Kontextkreise schwer von den Testkreisen zu differenzieren sind, da die förderlichen Effekte, die durch die stärkere

Modulation der scheinbaren Größe durch (schwer zu diskriminierende) Kontextkreise hervorgerufen werden, die verstärkte Inhibition übertreffen.

3.4.1.1 Methode

<u>Probanden.</u> Zwölf Studenten der Universität Leipzig (zehn weiblich, im Alter zwischen 20 und 31 Jahren) nahmen als Probanden an diesem Experiment teil.

<u>Stimulusmaterial.</u> Die Stimuli ähnelten denen der vorangegangenen Experimente. Aber es gab zwei grundsätzliche Veränderungen: die Präsentationsform und die Diskriminierbarkeit von Test- und Kontextkreisen. Die Präsentation erfolgte entweder simultan, das heißt Test- und Kontextkreise wurden gleichzeitig dargeboten (wie z.B. in Experiment 1), oder sukzessiv, das heißt die Kontextkreise wurden 750 ms früher als die Testkreise gezeigt (wie in Experiment 5). Die Diskriminierbarkeit von Test- und Kontextkreisen war entweder leicht – in diesen Durchgängen waren die (schwarzen) Testkreise von zwei weit entfernten weißen Kontextkreisen umgeben („optimale Konfiguration') – oder schwierig – in dieser Bedingung waren die (schwarzen) Testkreise von sechs grauen Kontextkreisen umgeben, die nah an den Testkreisen platziert waren („ungünstige Konfiguration') (für die exakten Parameter siehe Experimente 6 bis 8). Die Kontextkreise waren entweder 3 (Kontext1) oder 16 mm (Kontext4) groß. In jedem Durchgang wurden sieben Ebbinghaus-Konfigurationen präsentiert. In Abbildung 15 sind Beispieldisplays für die simultane Präsentationsform dargestellt.

<u>Experimentelles Design und Versuchsablauf.</u> Die unabhängigen Variablen in Experiment 9 waren Präsentationsform (simultan, sukzessiv), Diskriminierbarkeit (leicht, schwierig), Kontextkreisgröße (0, 3, 16 mm) und Antwort (Target anwesend, abwesend). Präsentationsform und Diskriminierbarkeit waren innerhalb eines experimentellen Blockes konstant, variierten aber zwischen den Blöcken. Die Hälfte der Probanden begann mit der Bearbeitung von Blöcken mit simultaner Präsentation, die andere Hälfte mit sukzessiver. Innerhalb jeder Gruppe absolvierte wiederum die Hälfte der Probanden zuerst Durchgänge mit leichter Diskriminierbarkeit, die andere Hälfte begann mit Blöcken mit schwierig zu diskriminierenden Test- und Kontextkreisen. Alle Probanden bearbeiteten alle experimentellen Bedingungen. Die experimentelle Sitzung bestand aus 20 Blöcken, jeder Block bestand aus sechs Übungs- und 50 Testdurchgängen, die Sitzung und dauerte insgesamt etwa 45 Minuten.

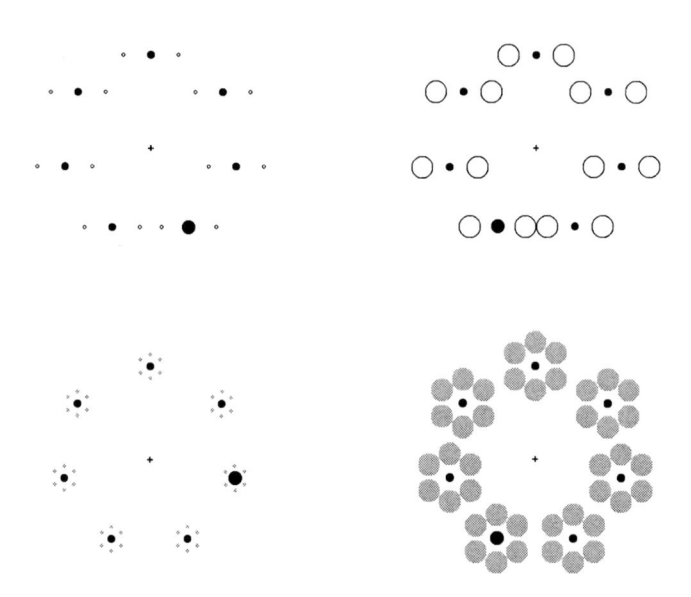

Abbildung 15. Beispieldisplays für Target-anwesend-Durchgänge der Kontext1- und Kontext4-Bedingungen für leichte beziehungsweise schwierige Diskriminierbarkeit von Test- und Kontextkreisen in Experiment 9.

3.4.1.2 Ergebnisse

<u>Analyse der RZ.</u> Durch den Ausschluss von Ausreißerwerten von der weiteren Analyse gingen weniger als 3 % der Daten verloren. In Abbildung 16 sind die gemittelten RZ in Abhängigkeit von der Diskriminierbarkeit von Test- und Kontextkreisen separat für simultane und sukzessive Präsentationsform dargestellt. Die individuell gemittelten RZ der Target-anwesend- und Target-abwesend-Durchgänge wurden in zwei getrennten ANOVAs mit den Faktoren Präsentationsform (simultan, sukzessiv), Diskriminierbarkeit (leicht, schwierig) und Kontextkreisgröße (0, 3, 16 mm) geprüft.

In der Analyse der Target-anwesend-Durchgänge erwiesen sich alle Haupteffekte als signifikant (Präsentationsform: $F(1,11) = 16.330$, $p < .002$; Diskriminierbarkeit: $F(1,11) = 70.753$, $p < .001$; Kontextkreisgröße: $F(2,22) = 166.072$, $p < .001$). Die folgenden Interaktionen waren signifikant: Präsentationsform x Kontextkreisgröße ($F(2,22) = 8.168$, $p < .008$), Diskriminierbarkeit x Kontextkreisgröße ($F(2,22) = 36.903$, $p < .001$) sowie

Präsentationsform x Diskriminierbarkeit x Kontextkreisgröße ($F(2,22) = 7.129$, $p < .012$). Die RZ waren langsamer in Durchgängen mit simultaner Präsentation (420 vs. 407 ms), bei schwieriger Diskriminierbarkeit (422 vs. 407 ms) und wenn die Testkreise von größeren Kontextkreisen (398, 393 vs. 449 ms für Kontroll-, Kontext1- sowie Kontext4-Bedingung) umgeben waren. Die Kosten in den Kontext4-Bedingungen relativ zu den Kontrollbedingungen waren geringer, wenn Test- und Kontextkreise gut diskriminierbar waren im Vergleich zu der Bedingungen mit schwieriger Diskriminierbarkeit (30 vs. 73 ms). Ebenso waren die RZ-Kosten für Durchgänge mit größeren Kontextkreisen bei sukzessiver im Vergleich zu simultaner Präsentation reduziert (32 vs. 60 ms). Bei leichter Diskriminierbarkeit verschwanden unter sukzessiver Präsentation alle Kosten größerer Kontextkreise (8 ms nicht-signifikante Differenz; zweiseitiger t-Test: $t(11) = -1.719$, $p = .114$).

Bei sukzessiver Präsentation waren die RZ in Durchgängen mit kleineren Kontextkreisen schneller im Vergleich zu Kontrolldurchgängen, unabhängig davon ob sie leicht (8 ms, zweiseitiger t-Test: $t(11) = 2.173$, $p < .053$) oder schwierig zu diskriminieren waren (11 ms, $t(11) = 3.125$, $p < .010$). Wenn Test- und Kontextkreise simultan präsentiert wurden, gab es nur dann RZ-Vorteile durch die Präsentation kleinerer Kontextkreise relativ zu den Kontrollbedingungen, wenn die Diskriminierbarkeit leicht war (12 ms, $t(11) = 3.466$, $p < .005$), aber nicht bei schwieriger Diskriminierbarkeit, in dieser Bedingung entstanden signifikante Kosten von 9 ms ($t(11) = -2.227$, $p < .048$).

Die RZ in den Target-abwesend-Durchgängen waren langsamer bei simultaner Präsentation von Test- und Kontextkreisen (438 vs. 423 ms; Haupteffekt Präsentationsform: $F(1,11) = 8.179$, $p < .016$), wenn Test- und Kontextkreisen schwierig zu diskriminieren waren (439 vs. 422 ms; Haupteffekt Diskriminierbarkeit: $F(1,11) = 8.894$, $p < .012$) und bei der Präsentation von Kontextkreisen im Display (410, 447 bzw. 434 ms für die Kontroll-, Kontext1- und Kontext4-Bedingung; Haupteffekt Kontextkreisgröße: $F(2,22) = 35.289$, $p < .001$). Wenn die Displays sukzessiv präsentiert wurden, entstanden RZ-Kosten für Durchgänge mit kleineren Kontextkreisen, während bei simultaner Präsentation alle Kontextkreise verlangsamte RZ produzierten (Interaktion Präsentation x Kontextkreisgröße: $F(2,22) = 21.817$, $p < .001$). Bei schwieriger Diskriminierbarkeit stiegen die Target-abwesend-RZ für beide Kontextkreisgrößen an (Interaktion Diskriminierbarkeit x Kontextkreisgröße: $F(2,22) = 6.569$, $p < .015$), die Kosten waren für kleinere Kontextkreise in Durchgängen mit leichter Diskriminierbarkeit und für größere Kontextkreise in Durchgängen mit schwieriger Diskriminierbarkeit am größten (Interaktion Präsentationsform x Diskriminierbarkeit x Kontextkreisgröße: $F(2,22) = 5.474$, $p < .025$).

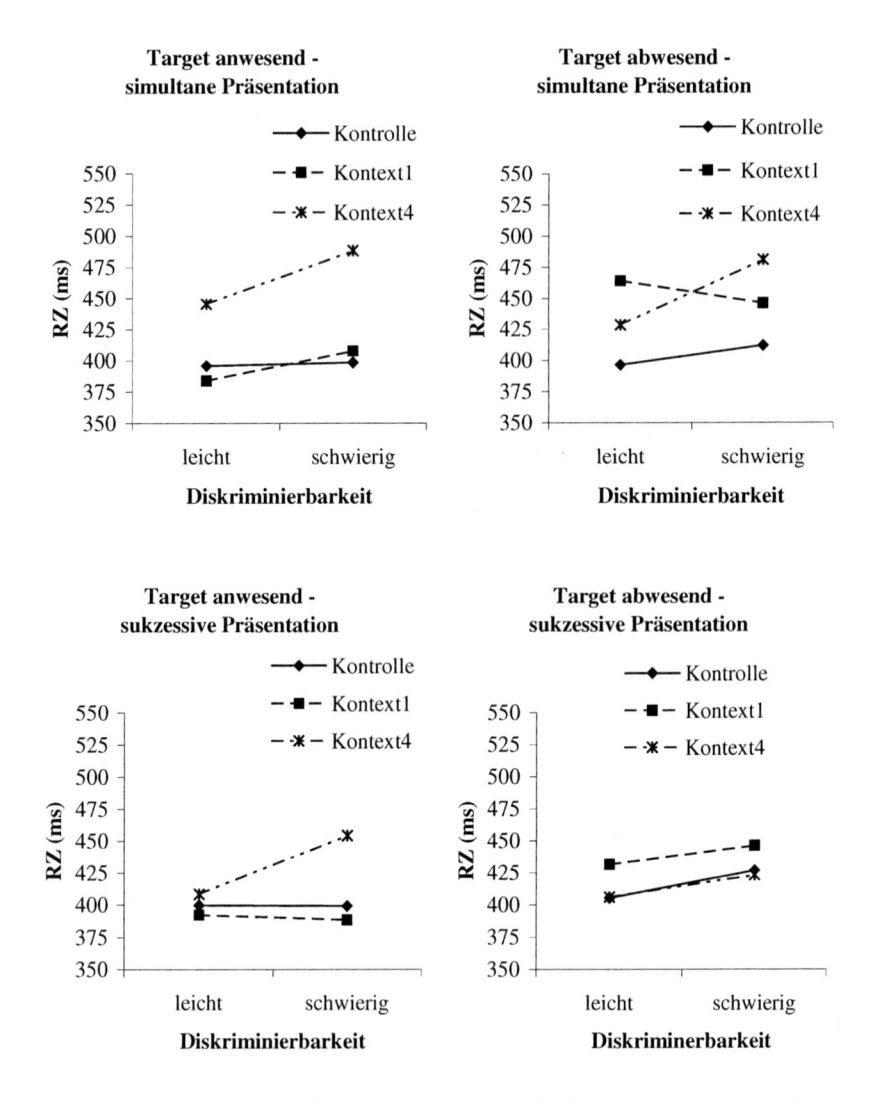

Abbildung 16. Mittlere Such-RZ (in Millisekunden) für Target-anwesend- und Target-abwesend-Durchgänge in Abhängigkeit von der Diskriminierbarkeit von Test- und Kontextkreisen für simultane und sukzessive Präsentationsbedingung in Experiment 9.

Analyse der Fehler. In Tabelle 13 sind die mittleren Fehlerraten aller experimentellen Bedingungen von Experiment 9 dargestellt. Über die individuellen Fehlerdaten wurde eine ANOVA mit den Faktoren

Präsentationsform, Diskriminierbarkeit, Kontextkreisgröße und Antwort gerechnet. Es wurden mehr Auslasserfehler als falsche Alarme gemacht (Haupteffekt Antwort: $F(1,11) = 6.907$, $p < .023$), und die meisten Fehler entstanden, wenn die Kontextkreise 16 mm groß waren (Haupteffekt Kontextkreisgröße: $F(2,22) = 17.855$, $p < .001$). Die Auslasserrate war höher, wenn größere Kontextkreise präsentiert wurden (Interaktion Antwort x Kontextkreisgröße: $F(2,22) = 14.787$, $p < .001$), besonders wenn Test- und Kontextkreise schwierig zu diskriminieren waren (Interaktion Diskriminierbarkeit x Antwort x Kontextkreisgröße: $F(2,22) = 5.306$, $p < .027$) und bei sukzessiver Präsentation (Interaktion Präsentationsform x Diskriminierbarkeit x Antwort x Kontextkreisgröße: $F(2,22) = 8.152$, $p < .008$).

Tabelle 13. Auslasser- und falsche Alarm-Raten (in Prozent) in Abhängigkeit von der Diskriminierbarkeit von Test- und Kontextkreisen (leicht, schwierig), separat für die Kontextbedingungen (Kontrolle, Kontext1 und Kontext4) in Experiment 9.

Diskriminierbarkeit	Auslasser		falsche Alarme	
	leicht	schwierig	leicht	schwierig
	simultane Präsentation			
Kontrolle	3.67	1.33	0.00	1.00
Kontext1	1.33	2.00	6.33	1.67
Kontext4	7.33	10.67	5.33	3.00
	sukzessive Präsentation			
Kontrolle	3.33	1.67	1.33	0.33
Kontext1	1.00	1.00	2.67	5.33
Kontext4	9.33	12.00	0.67	1.33

3.4.1.3 Diskussion

Die Ergebnisse von Experiment 9 decken sich mit den Erwartungen, die aus psychophysischen Erkenntnissen sowie aus den Resultaten der vorangegangenen Experimente abgeleitet worden waren. Die Effekte, die unter simultaner Präsentation entstanden, spiegeln die Ergebnisse der Experimente 6 bis 8 wider: Wenn die Testkreise schwierig von den Kontextkreisen zu diskriminieren sind, ist die Targetentdeckung durch die Präsentation von kleineren und größeren Kontextkreisen beeinträchtigt (jedoch mehr durch größere Kontextkreise), die sucherleichternden Effekte kleinerer Kontextkreise relativ zur Kontrollbedingung verschwinden. Wenn Test- und Kontextkreise leicht zu diskriminieren sind, wird die Leistung in der Suchaufgabe verbessert, wobei relativ zu den Kontrollbedingungen die Kosten für die Durchgänge mit größeren Kontextkreisen reduziert werden und signifikante Gewinne für die Bedingungen mit kleineren Kontextkreisen entstehen.

Dieses Ergebnismuster bestätigt die Annahme, dass die (aufgabenirrelevanten) Kontextkreise sowohl Interferenz als auch Erleichterung hervorrufen und dass die Leistung in der Suchaufgabe das relative Ausmaß beider Effekte reflektiert. Dabei müssen die Kontextkreise unterdrückt werden, wenn die Interferenz die erleichternde Wirkung überwiegt. Da die aufzubringende Unterdrückungsleistung stärker sein muss, wenn die Interferenz durch die Kontextkreise stärker ist, gehen alle förderlichen Effekte der (kleineren) Kontextkreise verloren, wenn die Diskriminierbarkeit zwischen Test- und Kontextkreisen schwierig ist.

In Übereinstimmung damit wurde gezeigt, dass der Preview der Kontextkreise den Probanden die Möglichkeit bieten kann, das Ausmaß der Interferenz zu reduzieren oder die Interferenz vollständig zu beseitigen, indem die Kontextkreise unterdrückt werden. Diese Unterdrückung kann auf verschiedenen Mechanismen basieren: auf top-down gesteuerten, ortsbasierten visuellen Markierungsprozessen (Donk & Theeuwes, 2001; Olivers et al., 1999; Watson & Humphreys, 1997), die schwieriger anzuwenden sind, wenn die Kontextkreise räumlich nah an den Testkreisen positioniert sind, oder auf bottom-up getriebenen, merkmalsbasierten Inhibitionsprozessen (Egeth et al., 1984; Kaptein et al., 1995), die schwieriger zu realisieren sind, wenn die Merkmale der Kontextkreise denen der Testkreise ähnlicher sind. Denkbar wäre auch eine Kombination beider Mechanismen.

Ein Befund aus der sukzessiven Präsentationsbedingung ist von besonderem Interesse: Die Targetentdeckung wird durch kleinere Kontextkreise im Vergleich zur Kontrollbedingung erleichtert, auch wenn die Diskriminierbarkeit erschwert ist (numerisch ist hierbei das Ausmaß der Erleichterung sogar größer als bei leichter Diskriminierbarkeit). Dieser Befund deutet zwei Schlussfolgerungen an: Erstens, wenn die Diskriminierung von Test- und Kontextkreisen schwierig ist (wodurch mehr Interferenz produziert wird), kann auch ein größeres Ausmaß an Erleichterung durch die Modulation der scheinbaren Größe entstehen (wie anhand der psychophysischen Studien vorhergesagt), wodurch die Interferenz durch die Kontextkreise überdeckt werden kann. Zweitens, die Unterdrückung der Kontextkreise befindet sich unter strategischer Kontrolle, das heißt die Probanden können ihre Strategie in Bezug auf die Kontextkreise in jedem Durchgang neu anpassen: Da die Kontextkreise vor den Testkreisen sichtbar sind, können die Probanden entscheiden, ob und wie viel Unterdrückungsaufwand sie einsetzen.[11] Dadurch

---

[11] In einem Nachfolgeexperiment, in welchem Test- und Kontextkreise immer schwer zu diskriminieren waren und ausschließlich kleinere Kontextkreise präsentiert wurden, wurde

lässt sich auch erklären, warum in Experiment 9 im Gegensatz zu Experiment 5 unter sukzessiver Präsentation überhaupt Vorteile der Bedingung mit kleineren Kontextkreisen bei sukzessiver Präsentation ermittelt wurden.

---

ebenfalls die Präsentationsform variiert. In diesem Experiment gab es also keine Veranlassung, Kontextkreise zu unterdrücken, und die Probanden konnten sicher versuchen, die Modulation der scheinbaren Größe der Testkreise für die Targetentdeckung auszunutzen. In diesem Experiment wurden ebenfalls RZ-Gewinne in den experimentellen Bedingungen erwartet, wenn die Diskriminierung schwierig war und Test- und Kontextkreise simultan präsentiert wurden. Die Ergebnisse zeigten, dass die Probanden verschiedene Strategien anwandten: Eine Hälfte der Probanden (die mit den generell schnellsten RZ) produzierte signifikante RZ-Gewinne unter beiden Präsentationsformen (10 und 12 ms bei simultaner bzw. sukzessiver Präsentation). Die zweite Hälfte der Probanden zeigte keinerlei Gewinne (eher nicht-signifikante RZ-Kosten von 7 bzw. 8 ms in den entsprechenden Präsentationsbedingungen). Die Daten der ersten Gruppe zeigen, dass tatsächlich RZ-Gewinne auftreten können, auch wenn Test- und Kontextkreise schwierig zu differenzieren sind und wenn alle Stimuli simultan präsentiert werden. Die zusätzliche Interferenz, die durch die schwierige Diskriminierbarkeit hervorgerufen wird, kann tatsächlich durch ein größeres Ausmaß an Erleichterung durch kleinere Kontextkreise überwunden werden. Dieser Befund steht in Einklang mit den Erkenntnissen aus psychophysischen Untersuchungen.

Kapitel 4: Allgemeine Diskussion

4.1 Fragestellung und experimentelles Paradigma

In der vorliegenden Arbeit wurden Experimente berichtet, in denen die Repräsentation von Größe untersucht wurde. Im Mittelpunkt stand die Frage, ob Größe als Basismerkmal der visuellen Wahrnehmung als retinale oder als scheinbare Dimension kodiert und registriert wird. Dazu wurde die retinale Größe der Testobjekte in den verschiedenen experimentellen Bedingungen konstant gehalten und die scheinbare Größe der Testobjekte variiert, indem der Effekt der Ebbinghaus-Illusion, das heißt die Fehlschätzung der Größe von Testobjekten in Abhängigkeit von der Größe von Kontextobjekten, ausgenutzt wurde.

Als experimentelles Paradigma bot sich die visuelle Suche an, um Aufschluss über frühe Prozesse der visuellen Wahrnehmung zu gewinnen und um Prozesse der Aufmerksamkeitsverteilung zu untersuchen. Es hatte sich vielfach herausgestellt, dass die Zeit, die benötigt wird, um ein Target unter einer Menge von Distraktoren zu entdecken (genauer gesagt der Anstieg der Suchfunktionen, d.h. die RZ als Funktion der Anzahl der Elemente im Display), sensitiv für Enkodierungs- und Vergleichsprozesse ist. Daher wurden in den dargestellten Experimenten Reaktionszeiten und Fehleranzahl als abhängige Variablen gemessen. Es war jeweils die Aufgabe der Probanden, einen Testkreis zu entdecken, der größer als die anderen Testkreise im Display war, wobei die Testkreise von Kontextkreisen unterschiedlicher Größe umgeben waren. Durch diese Kontextkreise wurde die Modulation der scheinbaren Größe der Testkreise bewirkt.

In den ersten drei Experimenten wurde untersucht, ob sich generell Effekte der Ebbinghaus-Illusion in visuellen Suchaufgaben manifestieren und wie die Täuschung verarbeitet wird. Dazu wurde das Ausmaß der Fehlschätzung in den verwendeten experimentellen Bedingungen ermittelt sowie ein Vergleich von Bedingungen durchgeführt, die die Verarbeitung von retinaler und scheinbarer Größe involvieren.

In zwei weiteren Experimenten wurde die Effizienz der visuellen Suchaufgabe moduliert, indem Bedingungen hergestellt wurden, unter denen die visuelle Suche erschwert erfolgte oder aber die Bearbeitung der Aufgabe erleichtert wurde. Auch dabei wurden Effekte der Variation der scheinbaren Größe der Testkreise untersucht.

In drei darauf folgenden Suchexperimenten wurden verschiedene Attribute variiert, die in psychophysischen Untersuchungen erfahrungsgemäß Einfluss auf das Ausmaß der Illusion haben. Ziel dieser Experimente war herauszufinden, ob und in welcher Form diese Attribute die Leistung in der visuelle Suche beeinflussen.

In diesen Untersuchungen zeigte sich, dass die Wirkung der Kontextkreise auf zwei Faktoren beruht: auf der Modulation der scheinbaren Größe im Sinne der psychophysischen Studien, die die visuelle Suche förderlich beeinflusst, und auf einer Behinderung der Verarbeitung der Testkreise, die durch die bloße Anwesenheit von zusätzlichen Kontextkreisen im Display hervorgerufen wird und die Suchleistung generell beeinträchtigt. In einem weiteren Experiment wurde ermittelt, welchen Anteil diese beiden Faktoren an der Verarbeitung der Ebbinghaus-Konfigurationen haben.

4.2 Zusammenfassung der Ergebnisse

Eine gebräuchliche Methode, Reaktionszeitdaten in visuellen Suchaufgaben zu beschreiben, ist die Darstellung von Suchfunktionen, das heißt die Darstellung der RZ als Funktion der Anzahl der Objekte im Display. Aus diesen Suchfunktionen lassen sich Aussagen darüber treffen, ob die Verarbeitung bestimmter Displays präattentiv, das heißt ohne aktive Aufmerksamkeitszuwendung und parallel über das gesamte visuelle Feld, oder attentiv, das heißt mittels Fokussierung der Aufmerksamkeit auf einzelne Objekte, erfolgt. Folgende wesentliche Ergebnisse wurden ermittelt:

4.2.1 Suchfunktionen

Die Suche nach einem größeren Targetobjekt unter kleineren Distraktorobjekten erfolgt unabhängig von der Anzahl der Objekte im Display, wenn Target und Distraktoren gut zu unterscheiden sind.

Wenn sich Target und Distraktoren ähnlicher werden, das heißt wenn der Größenunterschied zwischen beiden verringert wird, nehmen die RZ mit steigender Displaygröße zu.

4.2.2 Modulation der scheinbaren Größe

Testkreise, die von kleineren Kontextkreisen umgeben sind, erscheinen größer, während Testkreise, die von größeren Kontextkreisen umgeben sind, kleiner erscheinen (Ebbinghaus-Illusion).

4.2.3 Modulation der Suchfunktionen

Durch unterschiedlich große Kontextkreise können die Basis-RZ der Suchfunktionen im Vergleich zu Kontrollbedingungen verkürzt (Erleichterung) oder verlängert (Behinderung) werden, die Anstiege der Suchfunktionen sind flach, die Modulation der Suchfunktionen ist also unabhängig von der Displaygröße (dieser Befund bietet Evidenz für präattentive Verarbeitung von scheinbarer Größe). Diese Variationen ähneln den Veränderungen der Basis-RZ, die durch Testkreise mit unterschiedlicher (retinaler) Größendifferenz produziert werden.

Wenn die Größendifferenz zwischen Target- und Distraktor-Testkreisen reduziert wird, verschwinden alle vorteilhaften Effekte der Ebbinghaus-Illusion, die hinderlichen Effekte bleiben jedoch erhalten.

Wenn die Unterdrückung der Kontextkreise ermöglicht wird, verschwinden alle Effekte der Ebbinghaus-Illusion.

Wenn die Diskriminierbarkeit von Test- und Kontextkreisen erschwert wird – zum Beispiel durch steigende Anzahl von Kontextkreisen, verringerte Distanz zwischen Test- und Kontextkreisen oder verringerten Helligkeitskontrast zwischen Test- und Kontextkreisen – steigen die RZ an, und die vorteilhaften Effekte der Ebbinghaus-Illusion verschwinden, vermutlich weil bei diesen Parametereinstellungen die Kontextkreise mit den Vergleichsprozessen zwischen den Testkreisen zunehmend interferieren.

4.3 Repräsentation von Größe

Die hier präsentierten Befunde bestätigen die Erkenntnisse aus anderen Studien, bei denen nach einem größendefinierten Targetobjekt gesucht werden sollte. Wenn die Differenz der retinalen Größen zwischen Target- und Distraktorobjekten ausreichend groß ist, sind die Suchzeiten bis zur Entdeckung des Targets unabhängig von der Displaygröße (Bilsky & Wolfe, 1995; Duncan &

Humphreys, 1992; Müller, Heller & Ziegler, 1995; Quinlan & Humphreys, 1987; Stuart, Bossomaier & Johnson, 1993; Treisman & Gelade, 1980; Treisman & Gormican, 1988). Dies wird als Hinweis für präattentive Suchprozesse verstanden, die parallel über das gesamte visuelle Display ablaufen (Treisman, 1985; 1988; Treisman & Gelade, 1980), beziehungsweise als effiziente Verarbeitung des Merkmals Größe (Wolfe, 1998). Es konnte somit wiederholt bestätigt werden, dass die Größe von Objekten als Basismerkmal der visuellen Wahrnehmung kodiert wird.[12]

Wenn jedoch die Differenz der (retinalen) Größen von Target- und Distraktorobjekten sehr gering ist, das heißt wenn Target- und Distraktor-Testkreise zunehmend ähnlicher sind, steigen die RZ sehr steil mit zunehmender Displaygröße an (steigende Target-Distraktor-Ähnlichkeit, Duncan & Humphreys, 1989), wobei das Verhältnis der Anstiege der Target-anwesend- und Target-abwesend-Durchgänge etwa 1:2 ist. Dieses Befundmuster wird dahingehend interpretiert, dass die Suche seriell abläuft, das heißt die Objekte müssen nacheinander untersucht werden (Treisman & Gelade, 1980).

Hinsichtlich der Berechnung und Repräsentation der scheinbaren Größe von Objekten sind die Ergebnisse aus Experiment 1 eindeutig: Unter optimalen Bedingungen (d.h. bei Suche nach einem größeren Target unter kleineren Distraktoren, zwischen denen die Größendifferenz ausreichend groß ist, also bei Bedingungen, die eine effiziente Suche zulassen) ist es möglich, dass die Targetentdeckung durch die Präsentation von Kontextkreisen zusätzlich zu den Target- und Distraktor-Testkreisen im Vergleich zu Kontrollbedingungen ohne Kontextkreise erleichtert wird, indem die retinale Größendifferenz zwischen Target- und Distraktor-Testkreisen unterstützt und verstärkt wird. Durch den Effekt der Fehlschätzung, der durch die Ebbinghaus-Illusion hervorgerufen wird, erscheinen Testkreise, die von kleineren Kontextkreisen umgeben sind, größer, wohingegen Testkreise, die von größeren Kontextkreisen umgeben sind, kleiner erscheinen. Das Ausmaß dieser Fehlschätzung steigt mit zunehmender Größendifferenz zwischen Test- und Kontextkreisen (linear) an (Massaro & Anderson, 1971). Daher ist die Überschätzung des Target-Testkreises in Displays mit kleineren Kontextkreisen größer als die der Distraktor-Testkreise,

---

[12] Bezugnehmend auf die Schlussfolgerungen von Treisman & Souther (1985), wonach Suchasymmetrien als Hilfsmittel verwendet werden könnten, um Aufschluss darüber zu gewinnen, welche Dimensionen zu den Basismerkmalen der visuellen Wahrnehmung zu zählen sind, sei hier erwähnt, dass in Nachfolgeexperimenten die Zuordnung größerer und kleinerer Testkreise als Target und Distraktoren getauscht wurde. In diesen Experimenten wurde gezeigt, dass die RZ-Funktionen bei der Suche nach einem kleineren Target-Testkreis unter größeren Distraktor-Testkreisen bei gleicher Größendifferenz wie in den dargestellten Experimenten mit zunehmender Displaygröße ansteigen (siehe auch Treisman & Gormican, 1988). Dies ist als weiterer Beleg dafür aufzufassen, dass die Größe von Objekten präattentiv registriert wird.

folglich ist die Differenz der scheinbaren Größen der Testkreise größer als die Differenz ihrer retinalen Größen. Die Größendifferenz wird also – konsistent mit der Anforderung, nach einem größeren Testkreis zu suchen – verstärkt, wodurch die Salienz des Target-Testkreises ansteigt und die Suche im Vergleich zur Kontrollbedingung, in der nur die retinale Größendifferenz berechnet wird, beschleunigt ablaufen kann.[13] Unter solchen Bedingungen sind die vorteilhaften Effekte, die durch die Kontextkreise hervorgerufen werden, unabhängig von der Displaygröße (wenn Displaygröße überhaupt einen Einfluss hat, dann nehmen die Nutzeneffekte mit steigender Displaygröße eher zu). Dieser Befund unterstützt die Annahme, dass die geometrisch-optische Ebbinghaus-Illusion in einem parallelen Schritt für das gesamte visuelle Feld berechnet und repräsentiert wird. Dadurch kann die Berechnung des Merkmalskontrastes zwischen den Target- und Distraktorobjekten unabhängig von der Anzahl der Objekte im Display beschleunigt werden.

Diese vorteilhaften Effekte konnten demonstriert werden, obwohl die zusätzliche Präsentation von Kontextkreisen im Display generell die Suchleistung beeinträchtigt. Es ist anzunehmen, dass die eigentlich aufgabenirrelevanten Kontextkreise mit der Verarbeitung des Merkmalskontrastes zwischen Target- und Distraktor-Testkreisen interferieren. Mit anderen Worten wird durch sie das Display mit zusätzlichen Objekten, die als weitere Distraktorpopulation die Verarbeitung der aufgabenrelevanten Target- und Distraktor-Testkreise behindern, gefüllt. Dadurch wird die Distraktor-Distraktor-Ähnlichkeit verringert, und die Sucheffizienz sinkt (Duncan & Humphreys, 1989). Es erscheint daher für die Erledigung der Aufgabe notwendig, die handlungsirrelevanten Objekte (die Kontextkreise) während der Bearbeitung eines experimentellen Durchganges zu unterdrücken, um die Vergleichsprozesse zwischen den handlungsrelevanten Objekten (den Testkreisen) ohne Störung zu ermöglichen.

Dass die Modulation der RZ in Experiment 1 tatsächlich auf dem Einfluss der Kontextkreise, das heißt auf der Variation der scheinbaren Größe der Testkreise, beruht, wurde in Experiment 3 bestätigt. Die RZ der unterschiedlichen Kontrollbedingungen, in denen die retinale Größen der Testkreise den scheinbaren Größen aus Experiment 2 entsprachen, variierten

---

[13] Größere Kontextkreise führen zur Unterschätzung der Testkreise, wobei die Unterschätzung der Distraktor-Testkreise größer ist als die des Target-Testkreises. Die Kontextkreise beeinflussen die Suchaufgabe in inkonsistenter Weise, d.h. die Testkreise erscheinen kleiner, es muss jedoch nach einem größeren Testkreis gesucht werden. Entsprechend der Verstärkung der Differenz der retinalen Größen durch die scheinbaren Größen wirken auch in dieser Bedingung die Kontextkreise förderlich. Jedoch ist diese Erleichterung dadurch überlagert, dass der Target-Testkreis eine mittlere Größe zwischen der Distraktor-Testkreise und der Kontextkreise besitzt und dadurch schwieriger zu entdecken ist.

ähnlich den RZ der experimentellen Bedingungen. Jedoch sind diese Modulationen in den experimentellen Bedingungen wiederum von störenden Effekten der Kontextkreise überlagert, die die Unterschiede der Basis-RZ und die größere Variabilität in den experimentellen Bedingungen erklären.

Die hier dargestellten Experimente stimmen mit den Resultaten anderer Studien überein, in denen nach einem Target gesucht werden musste, das durch seine scheinbare Größe definiert ist (Aks & Enns, 1996; Found & Müller, 2001; Humphreys, Keulers & Donnelly, 1994). In diesen Experimenten wurden schnellere Basis-RZ bei konsistenten im Vergleich zu Kontrollbedingungen gefunden, das heißt die Probanden waren in denjenigen Bedingungen schneller, in denen durch die Positionierung des Targets dessen scheinbare Größe die retinale Größe verstärkte. Jedoch wurde in keiner dieser Studien ein Vorteil der Bedingungen, in denen die scheinbare Größe der Testobjekte manipuliert wurde, gefunden, der sich auch in den Anstiegen der Suchfunktionen bemerkbar machte. Durch eine derartige Variation der Suchfunktionen, das heißt im optimalen Fall ansteigende Funktionen, wenn die Suche auf der Verarbeitung der retinalen Größe beruht, und flache Funktionen, wenn die Suche auf der Verarbeitung der scheinbaren Größe beruht, hätte man direkt darstellen können, dass auch die scheinbare (im Gegensatz zur retinalen) Größe von Objekten präattentiv registriert und repräsentiert wird.

4.4 Effizienz der Suche

Wenn die Suchaufgabe dadurch erschwert wird, dass Target- und Distraktor-Testkreise nur noch schlecht zu unterscheiden sind, gibt es keine Unterschiede zwischen den RZ in den verschiedenen experimentellen Bedingungen mit Kontextkreisen: Durch das Hinzufügen von Kontextkreisen wurden die Suchzeiten um einen Betrag verlängert, der unabhängig von der Displaygröße war (88, 112 bzw. 138 ms für die Displaygrößen 3, 5 und 7; 12.5 ms/Item). Diese Ergebnisse sprechen dafür, dass die Nutzeneffekte, die durch die Ebbinghaus-Illusion (relativ zu den Kontrollbedingungen) hervorgerufen werden, von der Effizienz der Suchbedingung abhängen. Wenn die Suche wenig effizient erfolgt (wenn das Target also nicht durch parallele Berechnung eines salienten Größenkontrastes zwischen Target- und Distraktor-Testkreisen ermittelt werden kann), wird der Größenkontrast zwischen Target- und Distraktor-Testkreisen nicht durch die Ebbinghaus-Illusion verstärkt, und die Suche nach dem Target muss durch serielle Vergleichsprozesse zwischen einzelnen Objekten mit einer Gedächtnisrepräsentation des Targets (oder des zuletzt untersuchten Objekts) erfolgen. Die Kosten relativ zur Kontrollbedingung, die generell entstehen, wenn Kontextkreise präsentiert werden, sind unabhängig von der Displaygröße (additive Effekte). Dies kann als Hinweis darauf gewertet werden, dass die Kontextkreise durch einen parallelen Schritt unterdrückt werden und dass während der anschließenden seriellen Suchschritte die Aufmerksamkeit auf die Testkreise fokussiert wird, wobei die Kontextkreise von der weiteren Verarbeitung (Vergleich der Testkreise mit einer Gedächtnisrepräsentation, die die Kontextkreise nicht umfasst) ausgeschlossen sind.

Die Annahme, dass die Kontextkreise die Suche generell stören und deswegen unterdrückt werden müssen, um einen effizienten Vergleich von Target- und Distraktor-Testkreisen zu ermöglichen, wurde in Experiment 5 geprüft. Die Kontextkreise wurden im Voraus präsentiert, so dass die Probanden in die Lage versetzt wurden, die Kontextkreise im Vorfeld zu inhibieren oder zu ‚markieren', ehe die Testkreise gezeigt wurden (Olivers, Watson & Humphreys, 1999; Watson & Humphreys, 1997; 2000). Dadurch würden auch alle förderlichen Effekte, die kleinere Kontextkreise hervorrufen, eliminiert werden (siehe auch Cooper & Weintraub, 1970; Jaeger & Pollack, 1977, nach denen das Ausmaß der Ebbinghaus-Illusion abnimmt, wenn die Kontextkreise früher als die Testkreise präsentiert werden). Die Ergebnisse von Experiment 5 konnten diese Annahme bestätigen: In dieser Untersuchung verschwanden alle förderlichen Einflüsse der kleineren, aber auch alle Kosten durch größere Kontextkreise relativ zu den Kontrollbedingungen, die in Experiment 1 demonstriert worden waren.

Generell zeigen diese Ergebnisse, dass die Kontextkreise unterdrückt werden müssen, um eine effiziente, parallele Target-Distraktor-Diskriminierung zu ermöglichen. Aus dieser Vorstellung folgt, dass alle Effekte, die die Kontextkreise in Standard-Präsentationsbedingungen (d.h. bei simultaner Präsentation) hervorrufen, bereits früh nach Beginn der Präsentation der Displayelemente stattfinden, ehe die Inhibition der Kontextkreise effektiv werden kann.

Man kann sich die Unterdrückung der Kontextkreise als aktiven, intentionsgetriebenen (top-down) Prozess vorstellen, der besser wirksam werden kann, wenn sich die Kontextkreise zunehmend von den Testkreisen unterscheiden (z.B. durch merkmalsbasierte Inhibition; Egeth, Virzi & Garbart, 1984; Kaptein, Theeuwes & van der Heijden, 1995), so dass die Probanden darüber Kontrolle haben, ob sie eine solche Strategie einsetzen. Die Unterdrückung könnte angewendet werden, wenn die Interferenz durch die Kontextkreise sehr hoch ist (d.h. für alle Kontextkreis-Bedingungen, wenn die Bedingungen in zufälliger Reihenfolge präsentiert werden), auch wenn dadurch in den Durchgängen mit kleineren Kontextkreisen die nützlichen Effekte verschwinden.

4.5 Attribute der Ebbinghaus-Konfigurationen

In den Experimenten 6 bis 8 wurden drei Faktoren der Ebbinghaus-Konfigurationen untersucht, von denen bekannt ist, dass sie in psychophysischen Studien die geometrisch-optische Illusion stark beeinflussen: die Anzahl der Kontextkreise, die die Testkreise umgeben (Massaro & Anderson, 1971; Oyama, 1960), die Distanz zwischen Test- und Kontextkreisen (Girgus, Coren & Agdern, 1972; Massaro & Anderson, 1971; Oyama, 1960) und der Helligkeitskontrast zwischen Test- und Kontextkreisen (Jaeger & Grasso, 1993; Jaeger & Pollack, 1977). Aus den psychophysischen Befunden schlussfolgernd wurde erwartet, dass die Einflüsse der Kontextkreise auf die scheinbare Größe der Target- und Distraktor-Testkreise die Differenz der retinalen Größen verstärken und damit die Targetentdeckung (unter allen experimentellen Bedingungen) beschleunigen, wenn die Testkreise von mehreren Kontextkreisen umgeben sind, wenn die Kontextkreise näher an den Testkreisen platziert sind und wenn Test- und Kontextkreise gleiche Luminanz besitzen (also bei niedrigem Helligkeitskontrast). Jedoch zeigen die Daten einheitlich, dass alle Faktoren (d.h. alle Parametereinstellungen), die in psychophysischen Experimenten die scheinbare Größe verstärken (d.h. die Fehlschätzung der Testkreise erhöhten), die Leistung in visuellen Suchexperimenten behindern.

Als optimale Bedingungen, in denen die RZ am niedrigsten waren, stellten sich diejenigen Anpassungen der Ebbinghaus-Konfigurationen heraus, in denen wenige Kontextkreise, große Distanzen und starke Helligkeitskontraste realisiert wurden. In diesen Bedingungen wurde die Targetentdeckung relativ zu den Kontrollbedingungen ohne Kontextkreise erleichtert. Anhand dieser Befunde konnten die Resultate von Experiment 1 repliziert werden, und es wurde damit bestätigt, dass die Ebbinghaus-Illusion parallel für alle Konfigurationen im Display berechnet wird und die multiplen Größenvergleiche zwischen den Testkreisen, durch die das Target von den Distraktoren unterschieden wird, simultan beeinflusst.

Jedoch wird die Leistung in den Suchaufgaben beeinträchtigt, wenn ungünstige Parametereinstellungen (große Anzahl von Kontextkreisen, geringe Distanz und geringer Helligkeitskontrast zwischen Test- und Kontextkreisen) vorliegen. In diesen Situationen verursachen die Kontextkreise eine verstärkte Interferenz, das heißt ihre Wirkung als zusätzliche ‚Distraktoren' wird größer, und die Verarbeitung (d.h. die simultanen Vergleichsprozesse) wird von den aufgabenrelevanten Testkreisen weg gelenkt. Das bedeutet nicht, dass die Modulation der scheinbaren Größe der Testkreise durch die Kontextkreise und die daraus resultierende Erleichterung der Größenkontrastierung von Target- und Distraktor-Testkreisen gänzlich eliminiert wird. Vielmehr kann die

Erleichterung nicht in beschleunigte Targetentdeckung umgesetzt werden, da diese durch den störenden Effekt der Kontextkreise überlagert ist, der ebenfalls unter den genannten Parameter-Bedingungen ansteigt. Anders gesagt reflektiert die Suchleistung das relative Ausmaß der erleichternden und der interferierenden Effekte, die durch die Kontextkreise entstehen.

Wenn die Interferenz groß ist, müssen die Probanden die Kontextkreise aktiv inhibieren, um überhaupt in der Lage zu sein, die Testkreise direkt zu verarbeiten und die Anwesenheit eines Targets zu erkennen. Wenn die Unterdrückung der Kontextkreise ermöglicht wird, wird jedoch auch die Modulation der scheinbaren Größe der Testkreise durch die Kontextkreise reduziert, so dass die Suchleistung in diesen Bedingungen der Leistung in den Kontrollbedingungen (ohne Kontextkreise) ähnelt. Es ist plausibel, dass die (merkmalsbasierte) Unterdrückung der Kontextkreise dann am effektivsten erfolgen kann, wenn sich die Test- und Kontextkreise möglichst unähnlich sind, also einen starken Helligkeitskontrast aufweisen, oder wenn die Kontextkreise möglichst weit entfernt positioniert werden.

4.6 Förderliche versus behindernde Wirkung der Ebbinghaus-Illusion

In Experiment 9 sollten die förderlichen und behindernden Wirkungen, die die Kontextkreise auf die Verarbeitung der Testkreise ausüben, eingehender untersucht werden. Wie in Experiment 5 wurden dazu die Kontextkreise früher als die Testkreise präsentiert, um die Unterdrückung der Kontextkreise speziell dann zu ermöglichen, wenn die Interferenz die Erleichterung überwiegt (d.h. in Bedingungen mit größeren Kontextkreisen). Das Ausmaß an erleichternden und hinderlichen Effekten wurde dadurch variiert, dass leichte und schwierige Diskriminierbarkeitsbedingungen hergestellt wurden (abgeleitet aus den kombinierten Parametereinstellungen der Experimente 6 bis 8).

Bei sukzessiver Präsentation verblieb bei ungünstigen Konfigurationen (d.h. bei schlechter Diskriminierbarkeit von Test- und Kontextkreisen) ein signifikanter RZ-Vorteil im Vergleich zu den Kontrollbedingungen, wenn die Testkreise von kleineren Kontextkreisen umgeben waren. Dieser Befund beruht wahrscheinlich darauf, dass die Kontextkreise immer eine vorteilhafte Modulation der scheinbaren Größe der Testkreise bewirken, wie aus den psychophysischen Studien zu erwarten ist. Damit wurde gezeigt, dass die psychophysischen Effekte auch auf das visuelle Suchparadigma übertragen werden können, dass also bei Konfigurationen mit vielen nah an den Testkreisen platzierten Kontextkreisen, zwischen denen ein geringer (oder mittlerer) Helligkeitskontrast besteht, das Ausmaß der Fehlschätzung der Testkreise ansteigt. Unter diesen Bedingungen müsste aber die (strategische) Unterdrückung der Kontextkreise ausgeschaltet werden, damit die Wirkung der Kontextkreise zum Vorschein kommen kann.

Eine andere Erklärung der Daten von Experiment 9, die keine unterschiedlichen Strategien der Probanden in Durchgängen mit kleineren und größeren Kontextkreisen in den unterschiedlichen Präsentationsbedingungen (simultan vs. sukzessiv) unterstellt, könnte das folgende Modell darstellen. Es basiert auf der Annahme von interferierenden und erleichternden Mechanismen. Deren Ausmaß soll jeweils in freien (entsprechend negativen und positiven) Einheiten veranschaulicht werden:

(1) Größere Kontextkreise rufen mehr Interferenz hervor als kleinere (etwa -4 vs. -1 Einheiten für größere bzw. kleinere Kontextkreise). Da größere Kontextkreise mehr Raum auf der Retina einnehmen, benötigen sie mehr Verarbeitungskapazität als kleinere Kontextkreise.

(2) Die Interferenz nimmt zu, wenn Test- und Kontextkreise schwieriger zu diskriminieren sind (um 2 Einheiten), da die merkmalsbasierte Unterscheidung der Teilmengen der ‚Distraktoren' durch zunehmende Ähnlichkeit erschwert wird.

(3) Die Zunahme der Interferenz von leichter zu schwieriger Diskriminierbarkeit ist größer für größere Kontextkreise als für kleinere Kontextkreise (um 1 Einheit), da die Interferenzanteile für ‚größere Kontextkreise' und ‚schwierige Diskriminierbarkeit' überadditiv sind (Interaktion).

(4) Die Erleichterung durch die Modulation der scheinbaren Größe der Testkreise durch die Ebbinghaus-Illusion ist größer für die schwierige Diskriminierbarkeitsbedingung als für die leichte (um 1 Einheit). Diese Annahme befindet sich in Übereinstimmung mit den Erkenntnissen aus psychophysischen Studien.

(5) Durch die sukzessive Präsentation kann die Interferenz durch die Kontextkreise in allen Bedingungen um den gleichen Betrag verringert werden (um 2 Einheiten), ohne dass die erleichternden Effekte dadurch beeinflusst werden. Auch diese Annahme spiegelt die Ergebnisse aus psychophysischen Untersuchungen wider, wonach das Ausmaß der Ebbinghaus-Illusion geringer wird, wenn die Kontext- und Testkreise zeitlich versetzt präsentiert werden.

In Tabelle 14 sind die Nutzen und Kosten, die durch größere und kleinere Kontextkreise produziert werden, als positive beziehungsweise negative Werte für Erleichterung und Inhibition, für die unterschiedlichen Diskriminierbarkeits- und Präsentationsbedingungen dargestellt.

Tabelle 14. Modell zur Erklärung der Ergebnisse der Target-anwesend-Durchgänge in Experiment 9 (genauere Details siehe Text). Interferenz und Erleichterung (I + E) relativ zu den Kontrollbedingungen (in freien Einheiten) in Abhängigkeit von der Diskriminierbarkeit von Test- und Kontextkreisen (leicht, schwierig) und der Präsentationsform (simultan, sukzessiv) für kleinere und größere Kontextkreise.

Präsentation	simultan		sukzessiv	
Diskriminierbarkeit	leicht	schwierig	leicht	schwierig
	kleinere Kontextkreise			
Interferenz	-1	-3	-1 + 2*	-3 + 2
Erleichterung	2	3	2	3
I + E	**1**	**0**	**2**	**2**
	größere Kontextkreise			
Interferenz	-4	-7	-4 + 2	-7 + 2
Erleichterung	2	3	2	3
I + E	**-2**	**-4**	**0**	**-2**

* -1 + 2 = 0, da die Interferenz nur auf ‚null' reduziert werden kann.

Einige Aspekte dieser Vorhersagen sollten näher beleuchtet werden: Durch den Preview der Kontextkreise werden die Kosten für die größeren Kontextkreise sowohl in der leichten als auch in der schwierigen Diskriminierungsbedingung um denselben Betrag verringert. Während bei simultaner Präsentation die nützlichen Effekte der kleineren Kontextkreise in der Summe abnehmen, wenn die Diskriminierung schwieriger wird, sind sie bei sukzessiver Präsentation äquivalent. Ein Grund dafür ist, dass bei leichter Diskriminierbarkeit von Test- und Kontextkreisen durch die sukzessive Präsentation die Interferenz ganz aufgehoben wird. Der entsprechende Wert an Nutzeneffekten in beiden Bedingungen stammt daher, dass bei schwieriger Diskriminierbarkeit die Kosten schließlich durch den Preview um den gleichen Betrag reduziert werden. In dieser Bedingung ist einerseits ein größerer Betrag an förderlicher Wirkung durch die größere Wirkung der Illusion vorhanden (siehe Punkt (4)), andererseits bleibt auch ein größeres Ausmaß an Interferenz erhalten (siehe Punkt (2)). Diese zusätzlichen förderlichen und hemmenden Effekte heben sich in der Summe gegenseitig auf.

Ein Datenpunkt, den das Modell nicht erklären kann, sind die Nutzen in der Bedingung mit kleineren Kontextkreisen relativ zur Kontrollbedingung, wenn Test- und Kontextkreise leicht zu diskriminieren sind. Diese sollten bei sukzessiver Präsentation geringer sein als bei simultaner, jedoch unterscheiden sie sich nicht signifikant.

Insgesamt gesehen kann das auf den obigen Annahmen basierende Modell die Daten von Experiment 9 relativ gut erklären, ohne dass angenommen werden muss, dass die Probanden unterschiedliche Strategien zur Unterdrückung der Kontextkreise in den verschiedenen experimentellen Bedingungen anwenden. Dadurch wird eine einfachere Erklärungsmöglichkeit für die Ergebnisse erzielt.

In diesem Modell wird angenommen, dass durch die vorzeitige Präsentation der Kontextkreise deren interferierende Wirkung beeinflusst wird, nicht aber deren erleichternde Wirkung. Es scheint, dass dies nur dann möglich ist, wenn der Preview die Leistung nicht durch Unterdrückung der Kontextkreise beeinflusst (dadurch wären auch die erleichternden Effekte betroffen), sondern durch bevorzugte Verarbeitung der Testkreise. Auf diesem Weg kann durch die Ebbinghaus-Illusion die scheinbare Größe der Testkreise moduliert werden, während gleichzeitig multiple parallele Vergleichsprozesse effizient auf die Testkreise gerichtet werden können. Ein Mechanismus, durch den dies möglicherweise zu realisieren ist, wäre die bevorzugte Verarbeitung von neuen, plötzlich einsetzenden Objekten in einem bereits bestehenden Display (Jonides & Yantis, 1988; Yantis & Hillstrom, 1994; Yantis & Jonides, 1984; 1990). Tatsächlich gibt es Evidenz dafür, dass visuelles Markieren in einem Standard-Markierungsparadigma nicht durch intentionsgetriebene (top-down) Inhibition von alten Elementen, sondern durch bevorzugte Verarbeitung neuer Elemente vollzogen wird (Donk & Theeuwes, 2001).

Allein auf der Basis von Experiment 9 ist keine Schlussfolgerung möglich, ob die Ergebnismuster durch Unterdrückung der Kontextkreise entstehen (aufgrund von ortsbasiertem visuellen Markieren, z.B. Olivers et al., 1999; Watson & Humphreys, 1997; 2000, oder bottom-up getriebener, merkmalsbasierter Inhibition, z.B. Egeth et al., 1984; Kaptein et al., 1995, oder einer Kombination von beiden) oder ob es sich um die beschleunigte Verarbeitung der neuen, plötzlich einsetzenden Testkreise im Display handelt (Jonides & Yantis, 1988; Yantis & Hillstrom, 1994; Yantis & Jonides, 1984; 1990).

4.7 Auswirkungen auf psychophysische Untersuchungen zu geometrisch-optischen Illusionen

Für die wichtigsten verwendeten experimentellen Bedingungen wurde in Experiment 2 das Ausmaß der Ebbinghaus-Illusion ermittelt. Dabei konnte repliziert werden, dass Testkreise, die von kleineren Kontextkreisen umgeben sind, tatsächlich größer erscheinen, und dass Testkreise, die von größeren Kontextkreisen umgeben sind, kleiner erscheinen. Ferner ist festzustellen, dass auch Kontextkreise, die die gleiche Größe wie die Testkreise haben, zu einer Fehlschätzung der Testkreise führen, und zwar zu einer Unterschätzung. Mit Blick auf andere psychophysische Studien ist daher fraglich, ob diejenigen Bedingungen, in denen Test- und Kontextkreise die gleiche Größe haben, wirklich günstige Kontrollbedingungen zu den experimentellen Bedingungen darstellen, in denen die Wirkung der Illusion untersucht werden soll (siehe z.B. Pavani, Boscagli, Benvenuti, Rabuffetti & Farnè, 1999).

Mit Blick auf die Variation verschiedener Parameter der Ebbinghaus-Illusion muss festgehalten werden, dass die Ergebnisse der psychophysischen Untersuchungen (z.B. Girgus et al., 1972; Jaeger & Grasso, 1993; Jaeger & Pollack, 1977; Massaro und Anderson, 1971; Oyama, 1960) nur bedingt auf visuelle Suchexperimente übertragen werden können beziehungsweise dass eine solche Übertragung sehr vorsichtig geschehen muss. Während in den psychophysischen Experimenten vor allem die ‚förderlichen' Aspekte ‚extremer' Parametereinstellungen der Illusion (d.h. bei ungünstigen Konfigurationen von Experiment 9) im Vordergrund stehen, das heißt die Verstärkung der Fehlschätzung durch die Modulation der scheinbaren Größe, kommen in visuellen Suchexperimenten vor allem die hemmenden Aspekte dieser Attribute zum Tragen (siehe z.B. Experimente 6 bis 9). Ebenso scheint ein Umkehrschluss von Suchexperimenten auf psychophysische Untersuchungen nur bedingt möglich zu sein.

Weiterhin wird aus den Resultaten der visuellen Suchexperimente deutlich, dass eine geometrische Konfiguration nicht zwingend die aktive Zuwendung von Aufmerksamkeit benötigt, um als geometrisch-optische Illusion wirksam zu werden (Cooper & Weintraub, 1970; Coren & Girgus, 1972b; Pressey, 1971; 1974a; 1974b; Shulman, 1992; Weintraub & Schneck, 1986). Wäre dies der Fall, so dürften bei der effizienten Suche keine RZ-Unterschiede von experimentellen Bedingungen gegenüber den Kontrollbedingungen, genauer gesagt keine RZ-Vorteile der Bedingungen mit kleineren Kontextkreisen, zu finden sein. In diesen RZ-Vorteilen spiegeln sich jedoch die förderlichen Effekte der Ebbinghaus-Illusion auf die Modulation der scheinbaren Größe der Testkreise wider, die präattentiv verursacht werden.

In den oben genannten psychophysischen Studien wurde berichtet, dass das Ausmaß einer Illusion größer ist, wenn Aufmerksamkeit auf die einzelnen Konfigurationen gerichtet wird. Unter diesem Gesichtspunkt muss auf einen generellen Unterschied zwischen psychophysischen und visuellen Suchexperimenten hingewiesen werden: Beide haben unterschiedliche zeitliche

Charakteristika und basieren auf verschiedenen Formen der Antwortmessung. Bei einem gewöhnlichen psychophysischen Experiment wird meist eine nichtbeschleunigte Antwort verlangt, das heißt die Probanden haben beliebig lange Zeit zur Reaktionsabgabe. Oft erfolgt diese in Form eines subjektiven Vergleiches zwischen mehreren Stimuli; die Kontrastierung zwischen den Merkmalen mehrerer Objekte wird also explizit gefordert, was eine aktive Ausrichtung der Aufmerksamkeit zur Folge hat. Im Gegensatz dazu wird bei einem visuellen Suchexperiment eine beschleunigte Reaktion gefordert (unter Beachtung einer möglichst geringen Fehleranzahl)[14] und die aktive Ausrichtung der Aufmerksamkeit nicht angeregt.

4.8 Schlussfolgerung und Ausblick

In der vorliegenden Arbeit wurde gezeigt, dass Größe nicht zwingend als retinales Merkmal, also als physikalischer Wert einer kontinuierlich ansteigenden Dimension im Sinne eines zunehmenden Flächeninhalts, repräsentiert wird, sondern dass unter bestimmten Bedingungen die Kodierung der scheinbaren Größe eines Objektes günstiger ist. In Übereinstimmung mit verschiedenen anderen Studien (z.B. Enns & Rensinck, 1990a; 1990b; 1991; McLeod, Driver & Crisp, 1988; Nakayama & Silverman, 1986) konnte damit demonstriert werden, dass die Basismerkmale der visuellen Wahrnehmung komplexere Beschreibungen umfassen können als häufig angenommen wird.

Für eine genauere Auseinandersetzung mit dieser Annahme sollten weitere Untersuchungen durchgeführt werden. Es wurde bereits ein Erklärungsansatz für die Entstehung der Ebbinghaus-Illusion erwähnt, der die Fehlschätzung der Testkreise in Abhängigkeit von der Größe der Kontextkreise darauf zurückführt, dass kleinere Kontextkreise als weiter entfernt vom Betrachter wahrgenommen werden, wodurch sie – und damit auch der Testkreis, den sie umgeben – größer erscheinen (Coren, 1971). In diesem Zusammenhang sollten sich weiterführende Arbeiten mit der Differenzierung von scheinbarer Größe und scheinbarer Distanz beziehungsweise Tiefe beschäftigen. Dazu könnten mittels stereoskopischer Darstellung sowohl Test- und Kontextkreise als auch Target- und Distraktor-Konfigurationen in unterschiedlichen Tiefenebenen dargestellt werden.

Weiterhin ist zu bemerken, dass in den hier vorgestellten Untersuchungen ein Target-Testkreis, der scheinbar größer als die Distraktor-Testkreise war,

---

[14] Dies gilt nicht für Entdeckungsexperimente, in denen die Darbietungszeit der Displayobjekte begrenzt ist. In diesen Experimenten werden meist keine RZ, sondern die Genauigkeit der Antworten gemessen.

gleichzeitig auch immer retinal größer als die Distraktor-Testkreise war. In folgenden Experimenten sollte versucht werden, diese Konfundierung zu beseitigen, beispielweise dadurch dass die einzelnen Testkreise jeweils von Kontextkreisen mit unterschiedlicher Größe umgeben sind, wobei die Kontextkreise eines jeden Testkreises gleich groß sind. Bei einer solchen gezielten Manipulation der scheinbaren Größe jedes einzelnen Testkreises könnte es möglich sein, Target-Testkreise darzustellen, die zwar retinal gleich groß wie die Distraktor-Testkreise sind, sich aber hinsichtlich ihrer scheinbaren Größe unterscheiden. Ein Problem, das mit dieser Umsetzung verbunden ist, besteht darin, dass das Ausmaß der Fehlschätzung – wie aus Experiment 2 ersichtlich wird – relativ gering ist. Bei nur sehr geringen Größenunterschieden zwischen Target- und Distraktor-Testkreisen ist auch auf Grundlage der retinalen Größeninformation keine parallele Suche möglich (siehe Experiment 4; Treisman und Gormican, 1988; siehe auch Duncan & Humphreys, 1989).

Die vorgelegte Arbeit hat Evidenz dafür erbracht, dass es schon relativ früh in der visuellen Wahrnehmung einen Größenkonstanzmechanismus gibt, der die präattentive Repräsentation scheinbarer Größe gewährleistet. Es ist zu vermuten, dass neben diesem Mechanismus noch weitere existieren, die eine relativ komplexe Repräsentation anderer Basismerkmale verursachen. Dazu könnte eine Art von ‚Farbkonstanz' zählen. Um die Existenz von Farbkonstanz zu belegen, könnten Suchexperimente realisiert werden, in denen Stimulusdisplays verwendet werden, in denen das Targetobjekt durch seine ‚scheinbare Farbe' charakterisiert ist. Diese könnte manipuliert werden, indem beispielsweise überlappende, transparente Oberflächen (farbige oder grau gestufte ‚Folien') simuliert werden, die die Displayobjekte überdecken. Durch unterschiedliche Platzierungen (Überlappungen) der Folien und der Displayobjekte können retinale und scheinbare Farbe unabhängig voneinander variiert werden. Wenn diese in einer Reihe anderer visueller Suchexperimente nachzuweisen ist, wäre ein weiterer Beleg dafür erbracht, dass präattentiv registrierte Merkmale schon relativ komplexe Beschreibungen darstellen.

Literaturverzeichnis

Aglioti, S., DeSouza, J.F.X., & Goodale, M.A. (1995). Size-contrast illusions deceive the eye but not the hand. *Current Biology*, 5, 679-685.

Aks, D.J., & Enns, J.T. (1992). Visual search for direction of shading is influenced by apparent depth. *Perception & Psychophysics*, 52, 63-74.

Aks, D.J., & Enns, J.T. (1996). Visual search for size is influenced by a background texture gradient. *Journal of Experimental Psychology: Human Perception & Performance*, 22, 1467-1481.

Alkhateeb, W.F., Morland, A.B., Ruddock, K.H., & Savage, C.J. (1990). Spatial, colour and contrast response characteristics of mechanisms which mediate discrimination of pattern orientation and magnification. *Spatial Vision*, 5, 143-157.

Alkhateeb, W.F., Morris, R.J., & Ruddock, K.H. (1990). Effects of stimulus complexity on simple spatial discriminations. *Spatial Vision*, 5, 129-141.

Bilsky, A.B., & Wolfe, J.M. (1995). Part-whole information is useful in visual search for size x size but not orientation x orientation conjunctions. *Perception & Psychophysics*, 57, 749-760.

Broadbent, D.E. (1958). *Perception and Communication*. London: Pergamon Press.

Burton, G. (2001). The tenacity of historical misinformation: Titchener did not invent the Titchener illusion. *History of Psychology*, 4, 228-244.

Cave, K.R. (1999). The FeatureGate model of visual selection. *Psychological Research*, 62, 182-194.

Cave, K.R., & Wolfe, J.M. (1990). Modeling the role of parallel processing in visual search. *Cognitive Psychology*, 22, 225-271.

Chiang, C. (1981). Perceptual process and the Ebbinghaus illusion. *International Journal of Psychology*, 16, 133-146.

Choplin, J.M., & Medin, D.L. (1999). Similarity of the perimeters in the Ebbinghaus illusion. *Perception & Psychophysics*, 61, 3-12.

Chun, M.M., & Wolfe, J.M. (1996). Just say no: How are visual searches terminated when there is no target present? *Cognitive Psychology*, 30, 39-78.

Cooper, L.A., & Weintraub, D.J. (1970). Delbœuf-type circle illusion: Interactions among luminance, temporal characteristics, and inducing-figure variation. *Journal of Experimental Psychology*, 85, 75-82.

Coren, S. (1970). Lateral inhibition and geometric illusions. *The Quarterly Journal of Experimental Psychology*, 22, 274-278.

Coren, S. (1971). A size-contrast illusion without physical size difference. *American Journal of Psychology*, 84, 565-566.

Coren, S., & Enns, J.T. (1993). Size contrast as a function of conceptual similarity between test and inducers. *Perception & Psychophysics*, 54, 579-588.

Coren, S., & Girgus, J.S. (1972a). A comparison of five methods of illusion measurement. *Behavioral Research Methods & Instrumentation*, 4, 240-244.

Coren, S., & Girgus, J.S. (1972b). Differentiation and decrement in the Mueller-Lyer illusion. *Perception & Psychophysics*, 12, 466-470.

Coren, S., & Miller, J. (1974). Size contrast as a function of figural similarity. *Perception & Psychophysics*, 16, 355-357.

Coren, S., & Porac, C. (1979). Heritability in visual-geometric illusions: A family study. *Perception*, 8, 303-309.

Dehaene, S. (1989). Discriminability and dimensionality effects in visual search for featural conjunctions: A functional pop-out. *Perception & Psychophysics*, 46, 72-80.

Deni, J.R., & Brigner, W.L. (1997). Ebbinghaus illusion: Effect of figural similarity upon magnitude of illusion when context elements are equal in perceived size. *Perceptual and Motor Skills*, 84, 1171-1175.

Deutsch, J.A., & Deutsch, D. (1963). Attention: Some theoretical considerations. *Psychological Review*, 70, 80-90.

Donk, M., & Theeuwes, J. (2001). Visual marking besides the mark: Prioritizing selection by abrupt onset. *Perception & Psychophysics*, 63, 891-900.

Dürsteler, M.R., & von der Heydt, R. (1992). Monkey beats human in visual search. *Perception*, 22 (Supplement 2. European Conference on Visual Perception, Pisa), 12-13.

Duncan, J., & Humphreys, G.W. (1989). Visual search and stimulus similarity. *Psychological Review*, 96, 433-458.

Duncan, J., & Humphreys, G.W. (1992). Beyond the search surface: Visual search and attentional engagement. *Journal of Experimental Psychology: Human Perception & Performance*, 18, 578-588.

Duncan, J., Ward, R., & Shapiro, K. (1994). Direct measurement of attentional dwell time in human vision. *Nature*, 369, 313-315.

Ebbinghaus, H. (1913). *Grundzüge der Psychologie*. Leipzig: Verlag von Veit und Co.

Egeth, H.E., Virzi, R.A., & Garbart, H. (1984). Searching for conjunctively defined targets. *Journal of Experimental Psychology: Human Perception & Performance*, 10, 32-39.

Ehrenstein, W.H., & Hamada, J. (1995). Structural factors of size contrast in the Ebbinghaus illusion. *Japanese Psychological Research*, 37, 158-169.

Enns, J.T. (1992). Sensitivity of early human vision to 3-D orientation in line-drawings. *Canadian Journal of Psychology*, 46, 143-169.

Enns, J.T., & Rensink, R.A. (1990a). Influence of scene-based properties on visual search. *Science*, 247, 721-423.

Enns, J.T., & Rensink, R.A. (1990b). Sensitivity to three-dimensional orientation in visual search. *Psychological Science*, 1, 323-326.

Enns, J.T, & Rensink, R.A. (1991). Preattentive recovery of three-dimensional orientation from line drawings. *Psychological Review*, 98, 335-351.

Epstein, W., & Babler, T. (1990). In search of depth. *Perception & Psychophysics*, 48, 68-76.

Epstein, W., Babler, T., & Bownds, S. (1992). Attentional demands of processing shape in three-dimensional space: Evidence from visual search and precuing paradigms. *Journal of Experimental Psychology: Human Perception & Performance*, 18, 503-511.

Epstein, W., & Broota, K.D. (1986). Automatic and attentional components in perception of size-at-a-distance. *Perception & Psychophysics*, 40, 256-262.

Found, A., & Müller, H.J. (2001). Efficient search for size targets on a background texture gradient: Is detection guided by discontinuities in the retinal-size gradient of items? *Perception*, 30, 21-48.

Franz, V.H., Gegenfurtner, K.R., Bülthoff, H.H., & Fahle, M. (2000). Grasping visual illusions: No evidence for a dissociation between perception and action. *Psychological Science*, 11, 20-25.

Girgus, J.S., Coren, S., & Agdern, M. (1972). The interrelationship between the Ebbinghaus and Delboeuf illusion. *Journal of Experimental Psychology*, 95, 453-455.

Goodale, M.A., & Milner, A.D. (1992). Separate visual pathways for perception and action. *Trends in Neuroscience*, 15, 20-25.

Gregory, R.L. (1963). Distortions of visual space as inappropriate constancy scaling. *Nature*, 199, 678-680.

Haffenden, A.M., & Goodale, M.A. (1998). The effects of pictorial illusion on prehension and perception. *Journal of Cognitive Neuroscience*, 10, 122-136.

Haffenden, A.M., & Goodale, M.A. (2000). Independent effects of pictorial displays on perception and action. *Vision Research*, 40, 1597-1607.

Houck, M.R., & Hoffman, J.E. (1986). Conjunction of color and form without attention: Evidence from an orientation-contingent color aftereffect. *Journal of Experimental Psychology: Human Perception & Performance*, 12, 186-199.

Humphreys, G.W., Keulers, N., & Donnelly, N. (1994). Parallel visual coding in three dimensions. *Perception*, 23, 453-470.

Humphreys, G.W., & Müller, H.J. (1993). SEarch via Recursive Rejection (SERR): A connectionist model of visual search. *Cognitive Psychology*, 25, 43-110.

Humphreys, G.W., Quinlan, P.T., & Riddoch, M.J. (1989). Grouping processes in visual search: Effects with single- and combines-feature targets. *Journal of Experimental Psychology: General*, 118, 258-279.

Jaeger, T. (1978). Ebbinghaus illusions: Size contrast or contour interaction phenomena. *Perception & Psychophysics*, 24, 337-342.

Jaeger, T., & Grasso, K. (1993). Contour lightness and separation effects in the Ebbinghaus illusion. *Perceptual & Motor Skills*, 76, 255-258.

Jaeger, T., & Pollack, R.H. (1977). Effect of contrast level and temporal order on the Ebbinghaus circles illusion. *Perception & Psychophysics*, 21, 83-87.

Johnston, W.A., & Heinz, S.P. (1979). Depth of nontarget processing in an attention task. *Journal of Experimental Psychology: Human Perception and Performance*, 5, 168-175.

Jonides, J., & Yantis, S. (1988). Uniqueness of abrupt visual onset in capturing attention. *Perception & Psychophysics*, 43, 346-354.

Kaptein, N.A., Theeuwes, J., & van der Heijden, A.H.C. (1995). Search for a conjunctively defined target can be selectively limited to a color-defined subset of elements. *Journal of Experimental Psychology: Human Perception & Performance*, 21, 1053-1069.

Kleffner, D.A., & Ramachandran, V.S. (1992). On the perception of shape from shading. *Perception & Psychophysics*, 52, 18-36.

Massaro, D.W., & Anderson, N.H. (1971). Judgemental model of the Ebbinghaus illusion. *Journal of Experimental Psychology*, 89, 147-151.

Maunsell, J.H.R., & Newsome, W.T. (1987). Visual processing in monkey extrastriate cortex. *Annual Review of Neuroscience*, 10, 363-401.

McLeod, P., Driver, J., & Crisp, J. (1988). Visual search for a conjunction of movement and form is parallel. *Nature*, 332, 154-155.

Müller, H.J., Heller, D., & Ziegler, J. (1995). Visual search for singleton feature targets within and across feature dimension. *Perception & Psychophysics*, 57, 1-17.

Müller, H.J., Humphreys, G.W., & Donnelly, N. (1994). SEarch via Recursive Rejection (SERR). Visual search for single and dual form-conjunction targets. *Journal of Experimental Psychology: Human Perception & Performance*, 20, 235-258.

Müller, H.J., Humphreys, G.W., & Olson, A.C. (1998). Search via recursive rejection (SRR): Evidence with normal and neurological patients. In R.D. Wright (Ed.), *Visual attention* (pp. 389-416). Oxford: Oxford University Press.

Muise, J.G., Brun, V., & Porelle, M. (1997). Salience of central figure in the Ebbinghaus illusion: The oreo cookie effect. *Perceptual and Motor Skills*, 85, 1203-1208.

Nakayama, K., & Silverman, G.H. (1986). Serial and parallel processing of visual feature conjunctions. *Nature*, 320, 264-265.

Neisser, U. (1967). *Cognitive psychology*. New York: Appleton-Century-Crofts.

Olivers, C.N.L., Watson, D.G., & Humphreys, G.W. (1999). Visual marking of locations and feature maps: Evidence from within-dimension defined conjunctions. *The Quarterly Journal of Experimental Psychology*, 52A, 679-715.

Over, R. (1968). Explanations of geometrical illusions. *Psychological Bulletin*, 70, 545-562.

Oyama, T. (1960). Japanese studies on the so-called geometrical-optical illusions. *Psychologia*, 3, 7-20.

Papathomas, T.V., Feher, A., Julesz, B., & Zeevi, Y. (1996). Interaction of monocular and cyclopean components and the role of depth in the Ebbinghaus illusion. *Perception*, 25, 783-795.

Pashler, H. (1987). Detecting conjunctions of color and form: Reassessing the serial search hypothesis. *Perception & Psychophysics*, 41, 191-201.

Pavani, F., Boscagli, I., Benvenuti, F., Rabuffetti, M., & Farné, A. (1999). Are perception and action affected differently by the Titchener circles illusion? *Experimental Brain Research*, 127, 95-101.

Pavlova, M., & Sokolov, A. (2000). Speed perception is affected by the Ebbinghaus-Titchner illusion. *Perception*, 29, 1203-1208.

Poisson, M.E., & Wilkinson, F. (1992). Distractor ratio and grouping processing in visual conjunction search. *Perception*, 21, 21-38.

Posner, M.I., & Cohen, Y. (1984). Components of visual orienting. In H. Bouma & D.G. Bouwhuis (Eds.), *Attention and Performance X* (pp. 531-556). Hillsdale, NJ: Lawrence Erlbaum Associates.

Posner, M.I., Rafal, R.D., Choate, L.S., & Vaughan, J. (1985). Inhibition of return: Neural basis and function. *Cognitive Neuropsychology*, 2, 211-228.

Pressey, A.W. (1971). An extension of assimilation theory to illusions of size, area, and direction. *Perception & Psychophysics*, 9, 172-176.

Pressey, A.W. (1974a). Evidence for the role of attentive fields in the perception of illusions. *The Quarterly Journal of Experimental Psychology*, 26, 464-471.

Pressey, A.W. (1974b). Effects of size of angle on the ambiguous Müller-Lyer illusion. *Acta Psychologica*, 38, 401-404.

Quinlan, P.T., & Humphreys, G.W. (1987) Visual search for targets defined by combinations of color, shape, and size: An examination of the task constraints on feature and conjunction searches. *Perception & Psychophysics*, 41, 455-472.

Rabbitt, P.M.A., & Vyas, S.M. (1970). An elementary preliminary taxonomy for some errors in laboratory choice RT tasks. *Acta Psychologica*, 33, 56-76.

Ramachandran, V.S. (1988). Perception of shape from shading. *Nature*, 331, 163-165.

Rensink, R.A., & Enns, J.T. (1995). Preemption effects in visual search: Evidence for low-level grouping. *Psychological Review*, 102, 101-130.

Segalowitz, S.J., & Graves, R.E. (1990). Suitability of the IBM XT, AT, and PS/2 keyboard, mouse, and game port as response devices in reaction time paradigms. *Behavior Research Methods, Instruments and Computers*, 22, 283-289.

Shulman, G.L. (1992). Attentional modulation of size contrast. The Quarterly Journal of Experimental Psychology, 45A, 529-546.

Sternberg, S. (1969). The discovery of processing stages: Extensions of Donders´ method. *Acta Psychologica*, 30, 276-315.

Stuart, G.W., Bossomaier, T.R.J., & Johnson, S. (1993). Preattentive processing of object size: Implications for theories of size perception. Perception, 22, 1175-1193.

Thiéry, A. (1895). Über geometrisch-optische Täuschungen. In: W. Wundt (Ed.) *Philosophische Studien XI*, (pp. 307-370; 603-620). Leipzig: Verlag von Wilhelm Engelmann.

Titchener, E.R. (1901). *Experimental psychology – A manual of laboratory practice*. London: Macmillan.

Treisman, A.M. (1960). Contextual cues in selective listening. *The Quarterly Journal of Experimental Psychology*, 12, 242-248.

Treisman, A. (1982). Perceptual grouping and attention in visual search for features and for objects. *Journal of Experimental Psychology: Human Perception and Performance*, 8, 194-214.

Treisman, A. (1985). Preattentive processing in vision. *Computer Vision, Graphics, and Image Processing*, 31, 156-177.

Treisman, A. (1986). Features and objects in visual processing. *Scientific American*, 255, 106-115.

Treisman, A. (1988). Features and objects: The Fourteenth Bartlett Memorial Lecture. *The Quarterly Journal of Experimental Psychology*, 40A, 201-237.

Treisman, A., & Gelade, G. (1980). A feature-integration theory of attention. *Cognitive Psychology*, 12, 97-136.

Treisman, A., & Gormican, S. (1988). Feature search in early vision: Evidence from search asymmetries. *Psychological Review*, 95, 14-48.

Treisman, A., & Sato, S. (1990). Conjunction search revisited. *Journal of Experimental Psychology: Human Perception and Performance*, 16, 459-478.

Treisman, A., & Schmidt, H. (1982). Illusory conjunctions in the perception of objects. *Cognitive Psychology*, 14, 107-141.

Treisman, A., & Souther, J. (1985) Search asymmetry: A diagnostic for preattentive processing of separable features. *Journal of Experimental Psychology: General*, 114, 285-310.

Ward, R., Duncan, J., & Shapiro, K. (1996). The slow time-course of visual attention. *Cognitive Psychology*, 30, 79-109.

Watson, D.G., & Humphreys, G.W. (1997). Visual marking: Prioritizing selection for new objects by top-down attentional inhibition of old object. *Psychological Review*, 104, 90-122.

Watson, D.G., & Humphreys, G.W. (1999). Segmentation on the basis of linear and local rotational motion: Motion grouping in visual search. *Journal of Experimental Psychology: Human Perception & Performance*, 25, 70-82.

Watson, D.G., & Humphreys, G.W. (2000). Visual marking: Evidence for inhibition using a probe-dot detection paradigm. *Perception & Psychophysics*, 62, 471-481.

Weintraub, D.J. (1979). Ebbinghaus illusion: Context, contour, and age influence the judged size of a circle amidst circles. *Journal of Experimental Psychology: Human Perception & Performance*, 5, 353-364.

Weintraub, D.J., & Schneck, M.K. (1986). Fragments of Delboeuf and Ebbinghaus illusions: Contour/context explorations of misjudged circle size. *Perception & Psychophysics*, 40, 147-158.

Wolfe, J.M. (1994). Guided Search 2.0: A revised model of visual search. *Psychonomic Bulletin & Review*, 1, 202-238.

Wolfe, J.M. (1998). Visual search. In H. Pashler (Ed.), *Attention* (pp. 13-73). Hove (UK): Psychology Press.

Wolfe, J.M., Cave, K.R., & Franzel, S.L. (1989). Guided Search: An alternative to the Feature Integration Model for visual search. *Journal of Experimental Psychology: Human Perception & Performance*, 15, 419-433.

Wolfe, J.M., & Gancarz, G. (1996). Guided Search 3.0: A model of visual search catches up with Jay Enoch 40 years later. In V. Lakshminarayanan (Ed.), *Basic and clinical applications of vision science* (pp. 189-192). Dordrecht, Netherlands: Kluwer Academic.

Wundt, W. (1898). *Die geometrisch-optischen Täuschungen*. Leipzig: Teubner.

Yantis, S., & Hillstrom, A.P. (1994). Stimulus-driven attentional capture: Evidence from equiluminant visual objects. *Journal of Experimental Psychology: Human Perception and Performance*, 20, 95-107.

Yantis, S., & Johnson, D.N. (1990). Mechanisms of attentional priority. *Journal of Experimental Psychology: Human Perception and Performance*, 16, 821-825.

Yantis, S., & Jonides, J. (1984). Abrupt visual onsets and selective attention: Evidence from visual search. *Journal of Experimental Psychology: Human Perception and Performance*, 10, 601-620.

Yantis, S., & Jonides, J. (1990). Abrupt visual onsets and selective attention: Voluntary versus automatic allocation. *Journal of Experimental Psychology: Human Perception and Performance*, 16, 121-134.

Zanuttini, L. (1996). Figural and semantic factors in change in the Ebbinghaus illusion across four age groups of children. *Perceptual & Motor Skills*, 82, 15-18.

Zohary, E., & Hochstein, S. (1989). How serial is serial processing in vision? *Perception*, 18, 191-200.

Dissertationsbezogene bibliographische Daten

Astrid Busch

Die Ebbinghaus-Illusion moduliert die visuelle Suche nach größendefinierten Targets: Evidenz für präattentive Verarbeitung scheinbarer Objektgröße

Universität Leipzig, Dissertation
118 Seiten, 116 Literaturangaben, 16 Abbildungen, 14 Tabellen

Referat

Aufmerksamkeit ist notwendig, damit das Informationsverarbeitungssystem aus der Menge einströmender Informationen diejenigen filtern kann, die ins Bewusstsein gelangen sollen beziehungsweise die für die Ausführung von Handlungen relevant sind. Die vorliegende Arbeit befasst sich mit einem Aspekt der visuellen Aufmerksamkeit, nämlich wie einfach oder komplex die Grundbausteine der visuellen Wahrnehmung sind, aus denen die einzelnen Objekte aufgebaut sind. Das Ziel der vorliegenden Arbeit war die Bearbeitung der Fragestellung, ob auch die scheinbare Größe von Objekten – wie die retinale Größe – präattentiv, das heißt ohne Zuwendung von Aufmerksamkeit, kodiert wird. Für diese Untersuchung wurde das Paradigma der visuellen Suche verwendet, das sich hervorragend eignet, um Aufschluss über die räumliche Verteilung von Aufmerksamkeit zu erlangen. Die scheinbare Größe von Objekten wurde variiert, indem die geometrisch-optische Ebbinghaus-Illusion ausgenutzt wurde.

Zusammenfassend ist festzustellen, dass die präattentive Enkodierung von Größe als Objektmerkmal nicht zwingend als retinales Merkmal geschieht, die Repräsentation von Größe als Basismerkmal kann weitaus komplexer sein, zum Beispiel als ‚scheinbares Merkmal'. Ferner ist festzuhalten, dass eine geometrische Konfiguration nicht zwingend die Zuwendung von Aufmerksamkeit benötigt, um als Illusion wirksam zu werden. Weiterhin zeigt die vorliegende Arbeit, dass die Modulation der Suchfunktionen durch die Ebbinghaus-Illusion auf zwei Faktoren basiert: auf der förderlichen Modulation der scheinbaren Größe, durch die die Größendifferenz zwischen Target- und Distraktorobjekten vergrößert wird, und der interferierenden Wirkung, die die Kontextkreise als zusätzliche störende Objekte generell verursachen.

Lebenslauf

geboren am:	28. Dezember 1974 in Naumburg
Staatsangehörigkeit:	Deutsch
Familienstand:	Ledig

Schulbildung

09/1981-08/1989	Allgemeinbildende Polytechnische Oberschule Stößen
09/1989-06/1993	Gymnasium mit mathematisch-naturwissenschaftlich-technischem Schwerpunkt in Halle/Saale
06/1993	Abitur

Studium

10/1993-11/1998	Studium der Psychologie an der Universität Leipzig
11/1998	Diplom in Psychologie

Wissenschaftliche Tätigkeiten

05/1996-10/1998	Studentische Hilfskraft am Max-Planck-Institut für neuropsychologische Forschung in Leipzig
11/1998-10/2000	Doktorandin und Wissenschaftliche Mitarbeiterin am Institut für Allgemeine Psychologie der Universität Leipzig
seit 10/2000	Wissenschaftliche Mitarbeiterin am Institut für Psychologie der Ludwig-Maximilians-Universität München